浙江省普通本科高校"十四五"重点立项建设教材

金工实习

主编 裘钧

中国水利水电出版社
www.waterpub.com.cn
·北京·

内 容 提 要

本书内容包括：金工实习的背景、目的和意义，工程材料和热处理，常用量具及其使用方法，钳工，车削加工，铣削加工，电火花加工，刨削与磨削，焊接，3D打印以及激光切割。

本书适用于工科院校相关专业学生，具有丰富的案例与实践指导特色，助力培养工程素养与实践能力。

图书在版编目（CIP）数据

金工实习 / 裘钧主编. -- 北京：中国水利水电出版社，2025.5. -- （浙江省普通本科高校"十四五"重点立项建设教材）. -- ISBN 978-7-5226-3392-3

Ⅰ．TG-45

中国国家版本馆CIP数据核字第20254YK469号

书　　名	浙江省普通本科高校"十四五"重点立项建设教材 **金工实习** JINGONG SHIXI
作　　者	主　编　裘钧 副主编　倪君辉　张子园
出版发行	中国水利水电出版社 （北京市海淀区玉渊潭南路1号D座　100038） 网址：www.waterpub.com.cn E-mail：sales@mwr.gov.cn 电话：（010）68545888（营销中心）
经　　售	北京科水图书销售有限公司 电话：（010）68545874、63202643 全国各地新华书店和相关出版物销售网点
排　　版	中国水利水电出版社微机排版中心
印　　刷	天津嘉恒印务有限公司
规　　格	184mm×260mm　16开本　10.5印张　256千字
版　　次	2025年5月第1版　2025年5月第1次印刷
印　　数	0001—2500册
定　　价	**42.00元**

凡购买我社图书，如有缺页、倒页、脱页的，本社营销中心负责调换

版权所有·侵权必究

前言

党的二十大报告明确指出，要坚定秉持教育优先发展战略，大力推动教育强国、科技强国以及人才强国的建设进程，矢志为党和国家培育卓越人才。本书深入贯彻党的二十大精神，着力于培育学生科技报国的理想信念与创新意识，将劳动精神、劳模精神、工匠精神贯穿其中，精心培养学生的精益求精、实事求是的科学精神，有效提升学生分析与解决问题的能力。同时，本教材高度重视培养学生的团队协作意识、创新实践能力以及社会责任感，全力造就全面发展的社会主义合格建设者与可靠接班人，为实现中华民族伟大复兴的目标贡献教育力量。

本教材内容包括：金工实习的背景、目的和意义，工程材料和热处理，常用量具及其使用方法，钳工，车削加工，铣削加工，电火花加工，刨削与磨削，焊接，3D打印以及激光切割。

第1章 金工实习的背景、目的和意义，主要介绍通过实践操作熟悉多种加工工艺，培养动手、创新及工程思维，提升职业素养，为工科学习打好实践基础。

第2章 工程材料和热处理，主要讲解工程材料结构性能、分类，热处理原理、工艺，如退火、淬火等，以及其对材料组织性能的影响。

第3章 常用量具及其使用方法，主要讲解游标卡尺、千分尺、内径百分表等常用量具，包括其结构原理、测量精度、量程范围，以及正确操作步骤与读数方法等内容。

第4章 钳工，主要介绍划线、锯削、锉削、钻孔、扩孔、铰孔、攻丝、套丝等基本操作技能，还有钳工工具使用、零件加工工艺及装配知识。

第5章 车削加工，主要介绍车床结构原理，数控车编程代码与指令，刀具选择与装夹，对刀操作，轴类、盘类等零件加工工艺及精度控制知识。

第6章 铣削加工，主要介绍铣床构造原理、数控编程要点、各类铣刀特性、工件装夹定位，以及平面、轮廓等铣削工艺知识。

第7章 电火花加工，主要介绍线切割加工原理，放电参数设置，加工液作用，以及AUTOCUT软件加工工艺及编程知识。

第8章 刨削与磨削，主要介绍刨床、磨床的工作原理，刨刀与砂轮特性，刨削和磨削的工艺方法、参数选择，以及对工件精度和表面质量的影响。

第9章 焊接，主要介绍焊接设备构成、原理，电焊条种类与选用，焊接工艺参数设定，操作手法技巧，以及焊缝质量控制与缺陷处理。

第10章 3D打印，主要介绍技术原理，打印材料特性，模型设计与切片处理，设备操作流程，后处理方法及应用领域拓展。

第11章 激光切割，主要介绍激光产生原理、切割设备构成，切割工艺参数设定，不同材料切割要点，光路系统调试，以及精度与速度控制知识。

本教材由裘钧、倪君辉、张子园主编。本书具体编写分工如下：第1章由裘钧、倪君辉编写，第2章由倪君辉编写，第3章由裘钧编写，第4章、第5章由裘钧、张子园编写，第6章、第7章、第8章、第9章、第10章、第11章由裘钧编写，全书由裘钧、倪君辉提出编写思路并完成统稿。

因编者水平所限且编写时间较为仓促，本教材恐存在不足之处。若读者发现问题或有任何建议，欢迎发送电子邮件至 qiujun@tzc.edu.cn 与我们沟通交流，我们衷心期待并诚挚感谢广大读者及同仁的批评指正，以便我们不断完善教材内容，提升教材质量。

作者

2025年4月

目 录

前言

第1章 绪论 ··· 1
  1.1 金工实习的背景 ·· 1
  1.2 金工实习的目的 ·· 1
  1.3 金工实习的意义 ·· 1

第2章 工程材料和热处理 ·· 3
  2.1 工程材料 ··· 3
  2.2 热处理 ··· 4
  2.3 热处理实训实例 ·· 9
  练习题 ·· 10

第3章 常用量具及其使用方法 ··································· 11
  3.1 游标卡尺 ··· 11
  3.2 千分尺 ··· 12
  3.3 内径百分表 ··· 14
  3.4 其他量具 ··· 16
  练习题 ·· 17

第4章 钳工 ··· 18
  4.1 钳工概述 ··· 18
  4.2 钳工基本操作 ··· 18
  4.3 钳工安全操作规程 ··· 25
  4.4 钳工实操案例 ··· 25
  练习题 ·· 27

第5章 车削加工 ··· 28
  5.1 车削加工概述 ··· 28
  5.2 普通车床 ··· 29
  5.3 车削基本操作 ··· 35
  5.4 数控车床 ··· 45
  5.5 操作规程 ··· 61
  练习题 ·· 62

第 6 章　铣削加工 ... 63
- 6.1　铣削概述 ... 63
- 6.2　普通铣床 ... 64
- 6.3　数控铣床与加工中心 ... 77
- 6.4　铣床安全操作规程 ... 91
- 练习题 ... 92

第 7 章　电火花加工 ... 94
- 7.1　电火花加工机床 ... 94
- 7.2　电火花加工简介 ... 94
- 7.3　电火花线切割加工原理 ... 95
- 7.4　电火花线切割机床的组成 ... 96
- 7.5　线切割加工程序编制方法 ... 98
- 7.6　线切割软件编程 ... 99
- 7.7　电加工安全操作规程 ... 104
- 练习题 ... 105

第 8 章　刨削与磨削 ... 106
- 8.1　刨削 ... 106
- 8.2　磨削 ... 109
- 练习题 ... 120

第 9 章　焊接 ... 121
- 9.1　焊接概述 ... 121
- 9.2　电焊原理和过程 ... 121
- 9.3　常用电焊设备 ... 122
- 9.4　手工电弧焊实训 ... 124
- 9.5　焊接实训安全操作规程 ... 129
- 练习题 ... 129

第 10 章　3D 打印 ... 130
- 10.1　概述 ... 130
- 10.2　3D 打印种类 ... 131
- 10.3　3D 打印材料 ... 131
- 10.4　3D 打印机结构和功能 ... 131
- 10.5　切片软件 ... 132
- 10.6　3D 打印设计流程 ... 133
- 10.7　3D 打印工艺设计要点 ... 134
- 10.8　3D 打印在各领域的应用 ... 134
- 10.9　3D 打印技术实操步骤 ... 135
- 练习题 ... 145

第11章 激光切割 ······ 146
11.1 激光切割加工概述 ······ 146
11.2 激光切割的工作原理 ······ 146
11.3 激光切割的分类与特点 ······ 147
11.4 激光切割机的主要组成部分 ······ 147
11.5 激光切割的优点与缺点 ······ 148
11.6 激光切割机基本操作 ······ 149
11.7 激光切割图形处理软件及参数设置 ······ 152
11.8 激光切割加工的应用领域 ······ 155
11.9 激光切割的常见材料及其处理 ······ 155
11.10 激光加工危险与防护 ······ 155

参考文献 ······ 157

第 1 章

绪　　论

金工实习是工程教育中的重要环节，通过实际操作和实践活动，使学生能够将理论知识与实践技能相结合，从而全面提升其专业素养和工程能力。金工实习不仅是对工程材料、加工工艺及设备的了解与掌握，更是对学生综合素质的培养，包括动手能力、团队合作精神和创新思维等方面。本教材的绪论部分将从金工实习的背景、目的及意义等方面进行阐述。

1.1　金工实习的背景

金工实习，即金属工艺实习，是工科院校学生必须经历的实践教学环节。随着科技的进步和工业的发展，现代工程技术对人才的要求也日益提高。传统的课堂教学往往难以满足学生对实际操作和工程实践的需求，因此金工实习应运而生。通过实习，学生能够接触到实际生产过程中的各类工艺和设备，加深对工程材料和加工方法的理解，为今后的专业学习和职业发展奠定坚实基础。

1.2　金工实习的目的

金工实习的主要目的是让学生掌握基本的金属加工工艺和操作技能，了解各类加工设备的性能和使用方法，培养实际操作能力和工程实践能力。同时，通过亲身参与生产实践，学生能够更好地理解和应用课堂上所学的理论知识，增强解决实际问题的能力。此外，金工实习还旨在培养学生的团队合作精神和创新能力，使其在未来的工程实践中具备良好的综合素质。

1.3　金工实习的意义

1.3.1　提升实践能力

金工实习通过实际操作和实践活动，使学生能够亲身体验各种加工工艺，熟悉各类加工设备的操作方法，提升实际操作能力和动手能力。这种实践经验对于未来的工程技术工作具有重要意义。

1.3.2　理论与实践相结合

金工实习将课堂上学到的理论知识与实际操作相结合，帮助学生更好地理解和应用所学内容,增强解决实际问题的能力。通过实习,学生能够发现理论知识在实际应用中的不足之处,并通过实践进行补充和完善。

1.3.3 培养综合素质

金工实习不仅是对工程技术的学习和掌握,更是对学生综合素质的培养。在实习过程中,学生需要与团队成员合作完成各项任务,这有助于培养其团队合作精神和沟通协调能力。同时,面对实际操作中的各种挑战,学生需要发挥创造力和创新思维,提出有效的解决方案,从而提升其创新能力和应变能力。

1.3.4 适应职业发展需求

通过金工实习,学生能够熟悉现代工业生产的基本流程和要求,了解各类加工设备的性能和使用方法,为今后的职业发展打下坚实基础。实习过程中积累的实际操作经验和实践技能,将为学生未来的职业生涯提供有力支持。

总之,金工实习作为工程教育的重要组成部分,对培养高素质工程技术人才具有重要意义。通过实习,学生不仅能够提升实际操作能力和工程实践能力,还能培养团队合作精神和创新能力,为今后的专业学习和职业发展奠定坚实基础。

第 2 章

工程材料和热处理

2.1 工 程 材 料

工程材料是指用于制造各种工程产品和构件的材料，它们在工业生产中扮演着至关重要的角色。根据材料的性质和用途，工程材料可以分为金属材料、非金属材料和复合材料三大类（图 2.1）。

2.1.1 金属材料

金属材料是工程材料中应用最广泛的一类，主要包括黑色金属和有色金属。

（1）黑色金属：主要指含铁的金属，如钢铁。钢铁材料因其强度高、韧性好、成本低廉，被广泛用于建筑、机械制造、交通运输等领域。

1）钢：钢是含碳量在 0.02%～2.0% 的铁碳合金，根据含碳量、合金元素及用途不同，钢可以分为碳素钢、合金钢、不锈钢等。

2）铸铁：铸铁是含碳量大于 2.0% 的铁碳合金，根据石墨形态和组织结构的不同，铸铁可分为灰铸铁、白铸铁、球墨铸铁和蠕墨铸铁等。

（2）有色金属：指除铁和锰、铬以外的所有金属，如铜、铝、镁、钛等。有色金属具有良好的导电性、导热性、耐腐蚀性和可加工性，广泛应用于电子、电气、航空、航天等领域。

1）铜及铜合金：铜具有优良的导电性和导热性，常用于电线电缆、电子元件等。铜合金如黄铜、青铜具有较好的机械性能和耐腐蚀性能。

2）铝及铝合金：铝具有质轻、耐腐蚀、导电导热性能好等特点，常用于航空、建筑、包装等领域。铝合金通过添加元素（如铜、镁、锌等）可提高其强度和硬度。

3）镁及镁合金：镁是最轻的金属结构材料，具有良好的比强

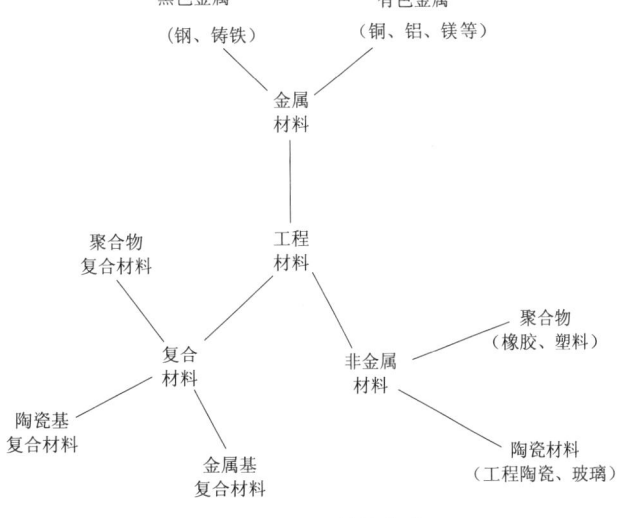

图 2.1 工程材料分类

度和比刚度，常用于航空航天、汽车制造等领域。

4）钛及钛合金：钛具有优良的耐腐蚀性和高比强度，广泛用于航空航天、化工、医疗等领域。

2.1.2 非金属材料

非金属材料主要包括塑料、橡胶、陶瓷、玻璃等。这类材料通常具有轻质、耐腐蚀、绝缘等优良特性。

（1）塑料：塑料是一种以高分子聚合物为主要成分的材料，具有优良的可塑性、耐腐蚀性、绝缘性，广泛应用于日常生活和工业生产中。

（2）橡胶：橡胶是一种具有高度弹性和韧性的材料，常用于制造轮胎、密封件、减震器等。

（3）陶瓷：陶瓷材料具有优良的耐高温、耐腐蚀、绝缘性能，广泛用于电子、电气、建筑等领域。

（4）玻璃：玻璃具有良好的透明性、耐腐蚀性和绝缘性，广泛用于建筑、电子、光学等领域。

2.1.3 复合材料

复合材料是由两种或两种以上不同性质的材料通过复合工艺制成的新型材料，具有各组分材料的优点，性能优异。常见的复合材料有碳纤维复合材料、玻璃纤维复合材料、陶瓷基复合材料等，广泛应用于航空航天、汽车制造、建筑等领域。

2.2 热 处 理

热处理是指将金属材料加热到一定温度后保温一段时间，然后以适当的速度冷却，以改变其内部组织结构，获得所需性能的一种工艺方法。热处理是改善材料性能、延长使用寿命的重要手段，主要分为普通热处理和表面热处理，如图 2.2 所示。

2.2.1 钢的热处理

钢的热处理是指通过钢在固态下的加热、保温和冷却，以改变其内部组织，从而获得所需性能的工艺方法。热处理在机械制造中具有重要的作用，它能提高金属材料的使用性能，节约金属，延长机械的使用寿命。此外，热处理还能改善金属材料的工艺性能，提高生产率和加工质量。

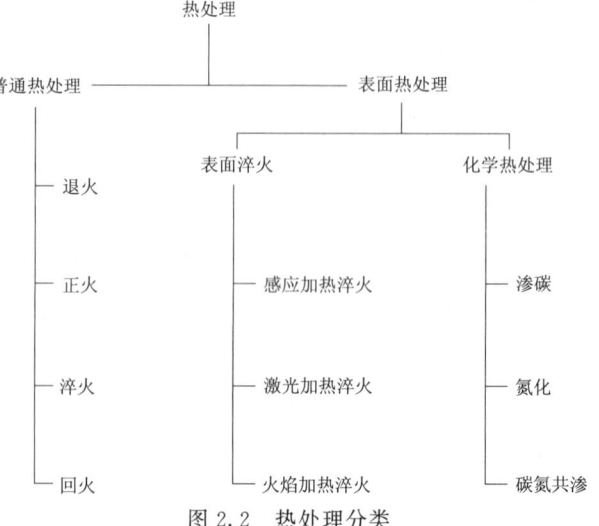

图 2.2 热处理分类

1. 热处理基本过程

（1）加热：将金属材料加热到一定温度，使其内部组织发生变化。

（2）保温：在一定温度下保持一定时间，使金属内部组织发生充分的变化。

（3）冷却：按照一定速度冷却，使金属材料获得所需的组织和性能。

2. 普通热处理

（1）退火：将金属加热到适当温度，保温一定时间，然后缓慢冷却，以获得均匀、细致的组织结构，提高材料的塑性和韧性，降低硬度。

（2）正火：将金属加热到临界温度以上，保温后在空气中冷却，使组织细化，提高强度和硬度，消除内应力。

（3）淬火：将金属加热到临界温度以上，保温后迅速冷却，使材料硬化，提高强度和耐磨性，但降低了韧性。

（4）回火：对淬火后的金属再次加热到适当温度，保温后冷却，以调整其硬度和韧性，改善性能。

3. 表面热处理

生产中常遇到有些零件（如凸轮、曲轴、齿轮等）在工作时，既承受冲击，表面又受摩擦，这些零件常用表面热处理，保证"表硬心韧"的使用性能。表面热处理是指仅对工件表层进行热处理以改变其组织和性能的工艺，通常可分为表面淬火和化学热处理两类。

（1）表面淬火。表面淬火是将钢件的表面层淬透到一定的深度，而零件中心部分仍保持未淬火状态的一种局部淬火的方法。

表面淬火的目的在于获得高硬度，高耐磨性的表面，而零件中心部分仍然保持原有的良好韧性，常用于机床主轴、齿轮、发动机的曲轴等。目前生产中常用的表面淬火方法有感应加热淬火、激光加热淬火和火焰淬火。

（2）化学热处理。化学热处理是指将金属或合金工件置于一定的温度的活性介质中保温，使一种或几种元素渗入它的表层，以改变其化学成分、组织和性能的热处理工艺。其特点是表层不仅有组织改变也有化学成分的改变。按钢件表面渗入的元素不同，化学热处理可分为渗碳、渗氮（氮化）、碳氮共渗、渗硼、渗硅、渗铬等。下面简要地介绍渗碳、渗氮（氮化）及碳氮共渗等三种热处理方法。

1）渗碳。渗碳是指使碳原子渗入到钢表面层的过程。也是使低碳钢的工件具有高碳钢的表面层，再过淬火和低温回火，使工件的表面层具有高硬度和耐磨性，而工件的中心部分仍然保持着低碳钢的韧性和塑性。渗碳工艺广泛用于飞机、汽车和拖拉机等的机械零件，如齿轮、轴、凸轮轴等。

2）渗氮（氮化）。在一定温度下使活性氮原子渗入工件表面的化学热处理工艺即为渗氮。其目的是提高表面硬度和耐磨性，并提高疲劳强度和耐蚀性。目前常用的渗氮方法主要有气体渗氮和离子渗氮。

3）碳氮共渗。一种向钢的表层同时渗入碳和氮的过程，通常以渗碳为主，渗入少量氮。这种工艺可以增强钢件的表面硬度、耐磨性和抗疲劳性能。碳氮共渗的分类主要包括气体、液体和固体三种类型。

2.2.2 常用热处理设备

常用的热处理设备包括热处理加热设备、冷却设备及其他辅助设备等。

1. 加热设备

常用的热处理加热设备有箱式电阻炉、真空炉和高频感应加热机等。

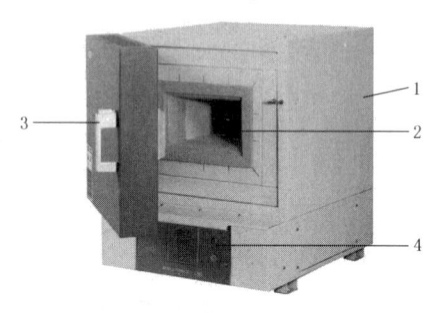

图 2.3 箱式电阻炉
1—炉体；2—炉膛；3—炉门；4—温控系统

（1）箱式电阻炉：适用于各种金属材料的退火、正火、回火等热处理工艺。其特点是温度控制精确、操作方便，适合中小型工件的处理。箱式电阻炉（也称为箱式炉）是一种常见的电阻加热设备，其利用电流通过布置在炉内的电热元件发热，通过对流和辐射对零件进行加热，用于加热金属材料，以便进行热处理。主要结构为以下几个部分，如图 2.3 所示。

1）炉膛：位于炉体之内的加热室，可放置需加热工件。炉膛通常使用电阻丝（如镍铬合金丝）作为加热元件，这些加热元件被放置在炉内的合适位置。电流通过加热元件时，因电阻产生的热量使得炉膛内温度升高。

2）炉体：箱式电阻炉有一个密封的炉体，内部为加热室，外部则是炉体的绝热层。炉体通常由耐高温的材料制成，以承受高温环境。

3）炉门：炉门是可以开关的，以便于将材料放入或取出炉内的物品。炉门通常也有良好的密封设计，以减少热量损失和确保安全。炉体内部和外部通常有一层绝热材料，以减少热量损失，提高能源效率。

4）温度控制系统：包括温度传感器（如热电偶）和控制器。温度传感器实时监测炉内温度，并将数据反馈给控制器。控制器根据设定的温度调节加热元件的电流，从而控制炉内温度。

（2）真空炉（图 2.4）：主要用于高要求的热处理工艺，如真空退火、真空淬火等。通过真空环境避免材料氧化和污染，适合处理高精度、高性能的金属零件。

（3）高频感应加热机（图 2.5）：通过电磁感应原理对工件进行加热，广泛用于表面淬火、透热锻造等工艺。其加热速度快，效率高，适合处理形状复杂的工件。

图 2.4 真空炉

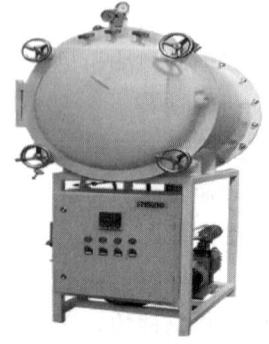

图 2.5 高频感应加热机

2. 冷却设备

热处理中的冷却设备是确保材料在热处理过程后获得所需机械性能和组织结构的关键。常见的冷却设备如下：

（1）水冷却池：常用于钢铁、铝合金等材料的冷却，水的流动可以迅速带走热量。

（2）油冷却池：用于需要较慢冷却速率的材料，以避免冷却过快引起的裂纹。常用于某些钢材和合金的处理。

（3）空气冷却装置：包括自然空气冷却和强制空气冷却（风冷）。这种方法比较适合需要缓慢均匀冷却的材料，如一些合金和金属零件。

（4）气体冷却系统：使用氮气、氦气等气体进行冷却，适用于高温材料和特殊合金的处理。

（5）盐浴冷却：使用熔融盐作为冷却介质，能够提供较为均匀的冷却速率，适合需要精准控制冷却速度的工艺。

（6）淬火塔：一种专门用于淬火过程的设备，通常结合了水冷却和风冷系统，用于快速而均匀地冷却工件。

（7）冷却炉：有些热处理工艺会使用专门设计的冷却炉，通过调节炉内气体流速和温度来实现所需的冷却速率。

不同的冷却设备适用不同的材料和热处理工艺，选择合适的设备可以有效地提升材料的性能和质量。

3. 辅助设备

辅助设备主要包括：用于清除工件表面氧化皮的设备，如清理滚筒、喷砂机、酸洗槽等；用于清洗工件表面黏附的盐、油等污物的清洗设备，如清洗槽、清洗机等；用于校正热处理工件变形的校正设备，如手动压力机、液压校正机等；用于搬运工件的起重运输设备等。

4. 质量检验设备

质量检验设备有：洛氏硬度计（图 2.6）、金相显微镜（图 2.7）及制样设备等。

（1）洛氏硬度计是一种依据洛氏硬度试验原理设计的硬度测试设备，其基本原理是在规定条件下，将压头（金刚石圆锥、钢球或硬质合金球）分两个步骤压入试样表面（图 2.6）。先在初始试验力下进行压入，然后在总试验力下进一步压入，卸除主试验力后，测量压痕残余深度，该深度代表硬度的高低，压痕越浅，硬度越高。洛氏硬度值按下式计算：

$$HR = \frac{K-h}{S} \tag{2.1}$$

式中　K——常数，对于 A、C、D、N、T 标尺，$K=100$，对于其他标尺，$K=130$；

　　　h——残余压痕深度，mm；

　　　S——常数，对于洛氏硬度，$S=0.002\text{mm}$，对于表面洛氏硬度，$S=0.001\text{mm}$。

第2章 工程材料和热处理

图 2.6 洛氏硬度计

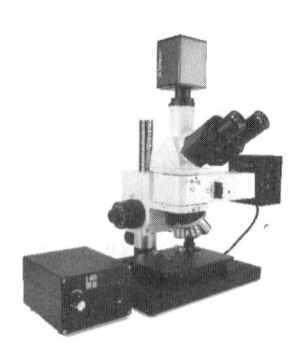
图 2.7 金相显微镜

洛氏硬度计主要特点为高精度、操作简便、读数方便，重复性好、适用范围广。

洛氏硬度计常用分类如下。

按应用方式：可分为一般洛氏硬度计、表面洛氏硬度计和综合型洛氏硬度计。

按操作方式：分为手动洛氏硬度计和电动洛氏硬度计。

按显示方式：有指针式和数显洛氏硬度计。

按加载方式：包括砝码通过杠杆原理加载和电机及传感器组成的闭环加载。

按参考平台：可分为手动平台洛氏硬度计、平台移动式自动洛氏硬度计和机头移动式自动洛氏硬度计。

洛氏硬度计基本操作方法为：试验前需调整主试验力的加荷速度，选择合适的试验力，并小心安装硬度计压头。试验时，先将丝杠顶面及工作台上下端面擦净，将工作台置于丝杠台上，再将试件支撑面擦净置于工作台上，旋转手轮使工作台缓慢上升并顶起压头，至小指针指向红点，大指针旋转3圈垂直向上为止，接着旋转指示器外壳，使长刻线与大指针对正，然后拉动加荷手柄，施加主试验力，指示器的大指针按逆时针方向转动，当指示针转动停止后，将卸荷手柄推回，卸除主试验力，最后从指示器上相应的标尺读数。

（2）金相显微镜。金相显微镜是一种专门用于观察金属材料微观结构的光学仪器，通过光学放大技术结合计算机成像系统，可分析金属内部晶粒、缺陷、夹杂物等组织特征。其核心原理是利用物镜（5X-100X）与目镜（10X）组合放大样品反射光，配合明场/暗场照明系统增强对比度，适用于不透明金属样本。倒置式设计便于大块样品观察。金相显微镜广泛应用于材料科学、冶金、工业检测及失效分析等领域，为材料性能评估、质量控制及工艺改进提供关键数据支持。现代型号还集成了数码成像功能，便于图像存储、编辑及共享，如图2.7所示。

金相显微镜根据结构和用途主要分为以下几类：

1）正置式金相显微镜：物镜位于样品上方，通常用于观察较小或较薄的样品，支持明场、暗场观察，适用于实验室常规金相分析。

2）倒置式金相显微镜：物镜位于样品下方，适合观察大块或重型样品（如金属铸件），可配置多种照明方式（如明场、暗场、偏光），广泛应用于工业检测。

3）便携式金相显微镜：体积小巧，便于携带，常用于车间现场快速检测，支持明场观察，适合热处理工艺的即时分析。

4）体式显微镜（立体显微镜）：具有立体成像功能，适用于观察样品表面三维形貌，常用于材料断口分析或大范围组织观察。

2.3 热处理实训实例

本节以箱式电阻炉操作，45钢材料淬火为例。

2.3.1 淬火热处理实验

1. 基本实验步骤

（1）对表面抛光的45钢进行淬火，在进行淬火前先测量实验试样的硬度四次，并将四次测量的数据计入表2.1。

（2）将试样放入加热炉中，打开加热炉。使其温度上升到800℃开始计时，保温15min。

（3）15min后，取出试样对其进行水冷。

（4）待试样完全冷却，用磨砂纸将其表面磨平整光滑。

（5）再次测量试样的硬度一共四次，并计入表2.2中。

2. 数据记录与分析

数据记录在表2.1和表2.2中。

表2.1　　　　　　　　　　淬火前硬度测量表

测量次数	1	2	3	4
硬度（HRC）				

测量时，由于选择的测量点不同和人为操作因素，每次测量的数据存在误差。

表2.2　　　　　　　　　　淬火后硬度测量表

测量次数	1	2	3	4
硬度（HRC）				

从表2.1和表2.2可看出，与淬火前相比，淬火后的硬度明显增大。说明适当的淬火可以增大材料的硬度。

2.3.2 箱式电阻炉操作方法

（1）打开箱门，将需要处理的45号钢材样品置于箱体中，关好箱门。

（2）设定温度：按一下"SET"键，此时PV屏显示"SP"，按"↑""↓"改变SV屏闪烁数值，直至达所需温度为止，再按一下"SET"键，回到工作模式（PV屏显示测量温度，SV屏显示设定温度），进入工作状态。

（3）定时设定：长按"SET"键4s后，PV屏显示"SГ"，按"SET"若干次，直到PV屏显示"LK"，通过"↑"键使SV屏显示"3"（定时开锁），再按一下"SET"键，PV屏回到"SГ"，通过"↑"键，设定定时所需值（15min）再按"SET"4s后，控温仪返回工作模式，按下加热键，仪器即开始运行，此时 AT 灯闪烁。

（4）等加热保温结束取出样品时，须确认炉温已降到至少 100℃以下，打开炉门时须注意安全，戴厚型隔热手套以免烫伤。

2.3.3 箱式电阻炉安全操作规程

（1）箱外壳必须有效接地，以保证安全。

（2）炉内不得放入易燃、易爆、易挥发及产生腐蚀性的物质进行干燥、烘焙物品。

（3）炉内物品放置切勿过挤，四周必须留出空间，以利热空气循环。

（4）进入升温之前一定要先关好箱门，不然会因门开关未接通而造成温度不上升。

（5）不允许在运行中不关闭电源开关而任意拔掉或插上电源插头，拔电源插头时，切勿直接拖拉电源线。

（6）切勿重力开启/闭合产品箱门，否则易导致箱门脱落，产品损坏，产生伤害事故。

（7）按住键不放，可出现参数设置界面，切勿随意更改参数设置。

（8）取出样品时，须确认炉温已降到至少 200℃以下，打开炉门时须注意安全，戴厚型隔热手套以免烫伤。

热处理淬火及洛氏
硬度测量工艺简介

【 练 习 题 】

1. 工程材料的主要性能有哪些？
2. 什么是合金钢？合金钢有哪些特点？
3. 热处理的基本目的是什么？
4. 解释退火、淬火和回火的基本原理和区别。
5. 在淬火过程中，为什么钢材会变硬但变脆？
6. 请列出几种常见的金属材料及其主要用途。
7. 非金属材料（如陶瓷、塑料和复合材料）与金属材料相比有哪些优缺点？
8. 简述箱式电阻炉的结构组成部分及其作用。
9. 箱式电阻炉在使用后应如何进行安全检查？
10. 经过试验后，思考洛氏硬度计在测量过程中，如果硬度值异常偏高或偏低，可能的原因有哪些？

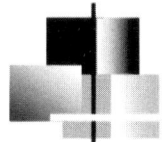

第 3 章

常用量具及其使用方法

3.1 游 标 卡 尺

游标卡尺是一种精密测量工具,广泛应用于机械加工中,用于测量外径、内径、深度和台阶等尺寸。

游标卡尺通过主尺和游标的刻度对齐来实现精确测量。主尺上的刻度通常以毫米或英寸为单位,而游标上的刻度则用于细分主尺刻度,用来提升测量的精度(图3.1)。游标卡尺的常用精度通常在0.02mm或0.05mm。

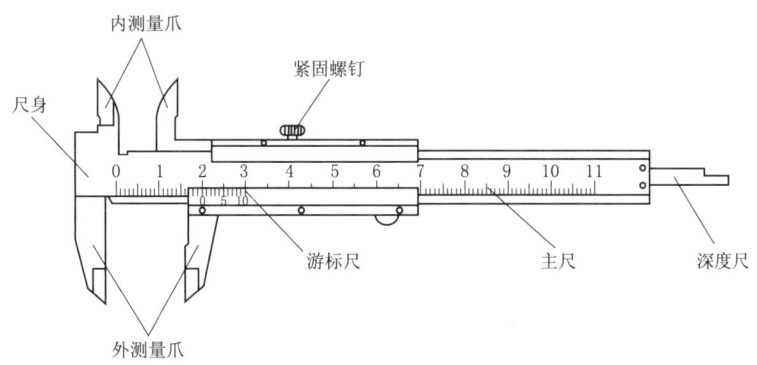

图 3.1 游标卡尺结构图

游标卡尺的测量原理及使用要点如下:

1. 校准

在测量前,将游标卡尺的外测量爪闭合,确保零位。如果不为零,需要调整卡尺或进行校准。

2. 测量外径或外部尺寸

将外测量爪张开,夹住待测物体的外部。

主尺读数:读取主尺上的整数部分,即零线左侧的刻度。

游标读数:读取游标上与主尺刻度线最对齐的刻度,将此数值加到主尺的读数上,主尺每小格为1mm。

示例:如果主尺读数为20mm,游标上第3条刻度对齐,且游标刻度每条为0.02或0.05mm,则总读数为15+0.06(0.15)=15.06(15.15)mm。

11

3. 测量内径或内部尺寸

将内测量爪放入待测物体的内孔中,轻轻扩张测量爪,确保爪子紧贴内壁。读取尺寸与外径测量类似,先读主尺,再读游标刻度。

4. 测量深度

将深度测量杆插入待测孔或槽中,将卡尺底部平放在工件表面,深度测量杆插入待测孔中,读取主尺和游标的刻度。

5. 测量台阶

将外测量爪的上部分接触到待测台阶的上面;滑动游标卡尺,使底部接触台阶的下面,同样,先读主尺,再读游标刻度。

6. 注意事项

保持清洁:使用前后用软布擦拭游标卡尺,避免灰尘和油污影响测量精度。

轻柔操作:测量时不要用力过大,以避免变形和损坏量具。

存放妥当:使用后将游标卡尺放入专用盒内,避免碰撞和磨损。

避免温度变化:温度变化会影响金属的膨胀和收缩,从而影响测量精度。最好在恒温环境下使用。

游标卡尺是通过主尺和游标的刻度对齐来实现精确测量的,其使用方法包括校准、测量外径、内径、深度和台阶等尺寸。正确使用游标卡尺能够保证测量结果的精确性,提高加工和检验的质量(图 3.2、图 3.3)。

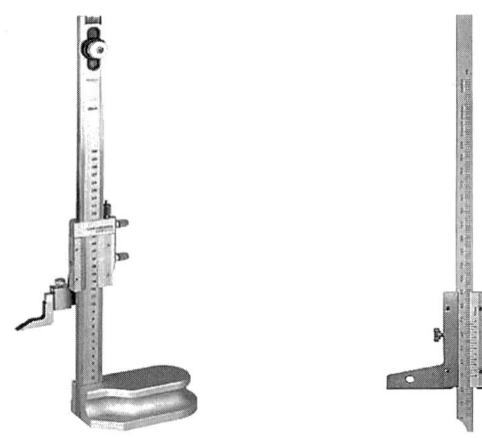

图 3.2　高度游标卡尺　　　图 3.3　深度游标卡尺

3.2　千　分　尺

千分尺(又称螺旋测微器)是一种精密测量工具,主要用于测量工件的外部尺寸(如直径、厚度等),精度可达 0.01mm,通过估读可精确到千分位(0.001mm)。其核心结构包括固定套筒、微分筒和测砧,通过旋转微分筒带动心轴移动实现测量。

3.2.1　外径千分尺

外径千分尺结构如图 3.4 所示。

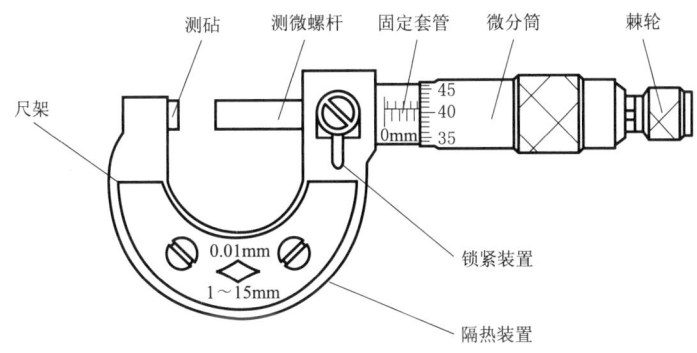

图 3.4 外径千分尺结构图

1. 准备工作

检查千分尺：确保千分尺清洁且处于良好状态。检查测量爪和刻度盘是否有损坏或污垢。

调零：将千分尺的测量爪完全闭合，检查零刻度是否对准零点。如果未对准，需要通过调节校准螺丝进行校准。

2. 测量步骤

（1）打开千分尺：旋转微调螺丝（通常是手轮）以打开测量爪，使其能够夹住被测物体。

（2）夹住物体：将物体放置在测量爪之间，确保物体在测量爪的中心，以获得准确的测量结果。

（3）调节测量爪：轻轻旋转微调螺丝，将移动爪逐渐接触到物体的外部。确保测量爪均匀接触物体的表面。避免用力过猛，压坏物体或损坏千分尺。

（4）读取测量值。

1）刻度盘读取：外径千分尺的刻度盘通常包括主刻度和微刻度。主刻度通常显示以毫米为单位的刻度，微刻度用于提供更精细的测量值（如0.01mm）。查找主刻度的读数，并加上微刻度的读数，得到最终测量值。

2）数字显示：如果千分尺是数字显示类型，直接读取显示屏上的测量值。

3. 记录和计算

在测量完成后，记录千分尺上读取的刻度值。确保记录准确，以便后续使用或分析。如果需要，根据具体的应用计算其他相关尺寸（如公差）。

3.2.2 三点式内径千分尺

三点式内径千分尺是一种精密测量工具，主要用于测量物体的内部直径或孔径。基本读数方法与外径千分尺相同（图 3.5）。

3.2.3 深度千分尺

深度千分尺如图 3.6 所示，主要功能是测量物体的深度，例如孔、槽、台阶或其他凹陷部位的深度。通过选取长短不同的测量杆来测量不同深度，使用过程中将相应的测量杆轻轻插入待测部件的孔或槽内，确保测量杆与孔壁或槽底部垂直。再旋转调整螺母，轻轻接触待测物体的底部，避免施加过大压力。在测量杆稳定后，读取刻度盘或数显屏的测量值。基本读数方法与外径千分尺相同。

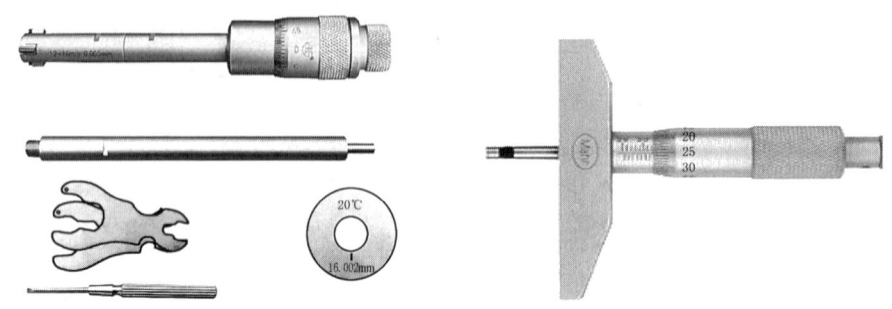

图 3.5　三点式内径千分尺　　　　　　图 3.6　深度千分尺

3.2.4　千分尺的使用和维护

在测量完成后，将千分尺的测量爪完全松开，以保护测量面。用干净、无纤维的布擦拭测量爪和刻度盘，保持千分尺的清洁。存放千分尺时，放入专用的保护盒或箱中，以避免机械损伤和外界环境的影响。定期检查千分尺的精度，必要时进行校准，以确保长期稳定的测量准确性。避免在极端温度或潮湿环境中使用千分尺，这可能会影响其精度。千分尺的测量爪和物体之间要保持均匀接触，避免产生误差。定期进行维护和校准，保持千分尺的良好状态。

3.3　内径百分表

百分表是用来校正零件或夹具的安装位置检验零件的形状精度或相互位置精度的。百分表的精度读数值为 0.01mm。

百分表的外形如图 3.7 所示。其结构分为测量杆、指针和表盘三部分，表盘上刻有 100 个等分格，其刻度值（即读数值）为 0.01mm。当指针转一圈时，小指针即转动一小格，转数指示的刻度值为 1mm。用手转动表圈 4 时，表盘 3 也跟着转动，可使指针对准任一刻线。测量杆可以上下移动。

内径百分表是内量杠杆式测量架和百分表的组合，如图 3.8 所示。用以测量或检验零件的内孔、深孔直径及其形状精度。

内径百分表使用方法如图 3.9 所示。在三通管的一端装着活动测量头，另一端装着可换测量头，垂直管口一端通过连杆装有百分表。活动测头的移动，使内部传动杠杆回转，推动活动杆和百分表的测量杆，使百分表指针产生回转。当活动测头移动 1mm 时，活动杆也移动 1mm，推动百分表指针回转一圈，活动测头的移动量，可以在百分表上读出来。每个内径百分表都附有成套的可换测头，国产内径百分表的读数值为 0.01mm，测量范围有（单位 mm）：10～18；18～35；35～50；50～100；100～160；160～250；250～450。

用内径百分表测量内径是一种比较量法，测量前应根据被测孔径的大小，在专用的环规或千分尺上调整好尺寸后才能使用。调整内径千分尺的尺寸时，选用可换测头的长度及其伸出的距离，应使被测尺寸在活动测头总移动量的中间位置。

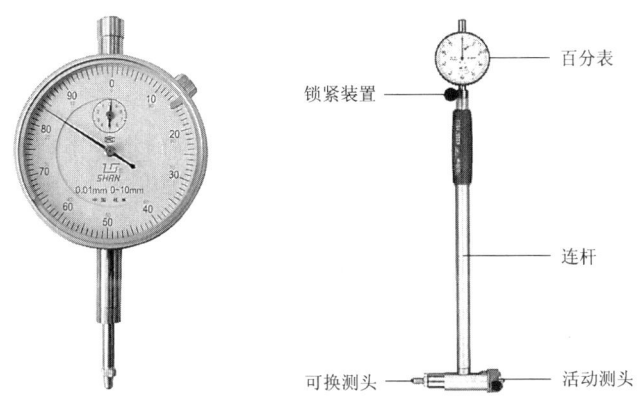

图 3.7　百分表　　　　图 3.8　内径百分表

内径百分表此，使用时应当经常在专用环规或千分尺上校对尺寸。

内径百分表的指针摆动读数，刻度盘上每一格为 0.01mm，盘上刻有 100 格，即指针每转一圈为 1mm。

组合时，将百分表装入连杆内，使小指针指在 0~1 的位置上，长针和连杆轴线重合，刻度盘上的字应垂直向下，以便于测量时观察，装夹后应予紧固。粗加工时，最好先用游标卡尺或内卡钳测量。因内径百分表同其他精密量具一样属贵重仪器，其好坏与精确直接影响到工件的加工精度和使用寿命。粗加工时工件加工表面粗糙不平而测量不准确，也使测头易磨损。因此，须加以爱护和保养，精加工时再进行测量。

测量前应根据被测孔径大小用外径千分尺调整好尺寸后再使用，如图 3.9（a）所示。在调整尺寸时，正确选用可换测头的长度及其伸出距离，应使被测尺寸在活动测头总移动量的中间位置。测量时，连杆中心线应与工件中心线平行，不得歪斜，同时应在圆周上多测几个点，找出孔径的实际尺寸，看是否在公差范围以内，如图 3.9（b）所示。

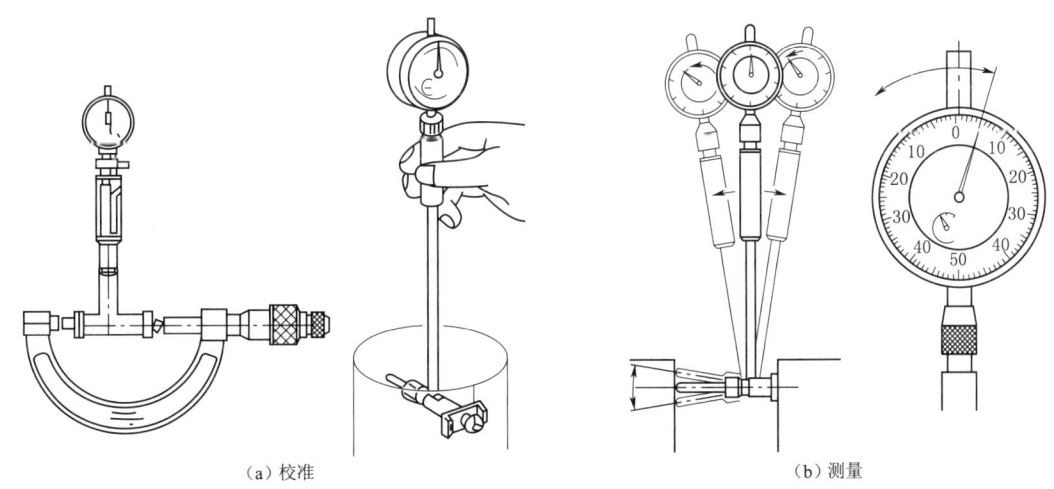

（a）校准　　　　　　　　　　　　（b）测量
图 3.9　内径百分表的使用方法

3.4 其他量具

3.4.1 塞尺

塞尺由厚度不一的塞尺片组合而成，塞尺片通常由高碳钢、不锈钢或其他耐磨材料制成，以保证其精度和耐用性，通常厚度为 0.01~1mm，如图 3.10 所示。主要用于测量两个表面或零件之间的间隙。一套塞尺通常包含多片不同厚度的塞尺片，数量在 10 片到 30 片不等，通过将不同厚度的塞尺片插入间隙中，可以确定间隙的大小。

3.4.2 量块

量块又称为标准量块或约翰逊量块，是一种高精度的长度标准器具，广泛应用于机械加工和计量领域。量块通过精确的长度和光滑的表面，可以用来校准其他测量工具和设备，或用于高精度的尺寸测量，如图 3.11 所示。量块通常为长方体形状，具有标准的长度和光滑的平行面。标准长度可以从 0.5mm 到 100mm 不等，常见的公制量块套件包含从 1mm 到 100mm 的量块，英制量块则以英寸为单位。量块的制造精度非常高，通常达到微米级别（0.001mm）。这种高精度使得量块成为长度校准的基准。量块根据制造精度和用途分为不同的等级，如 00 级、0 级、1 级、2 级等，00 级和 0 级为最高精度，通常用于实验室校准，1 级和 2 级用于工业现场和车间测量。

图 3.10 塞尺

图 3.11 量块

使用量块时需要注意维护。在使用量块前要清洗量块表面，去除油污、灰尘等杂质，防止其影响测量精度。在组合量块时，要使用专用的镊子，避免用手直接接触量块。组合量块应从最小尺寸开始选取，并且使每块量块之间贴合紧密，防止产生间隙影响组合尺寸精度。在测量过程中，要保证量块与被测表面接触良好，并且要避免量块受到碰撞和剧烈震动。量块使用后去除表面的油污和杂质，然后用软布擦干，涂上防锈油，防止生锈。

3.4.3 螺纹规

螺纹规如图 3.12 所示，是一种专门用于测量和检查螺纹尺寸和形状的工具，广泛应用于机械制造和维修领域。螺纹规通过精确的螺纹标准，帮助确保螺纹连接件的互换性和精度。主要分为塞规和环规两种。

3.4.4 万能角度尺

万能角度尺又称为角度规、游标角度尺和万能量角器，如图 3.13 所示，它是利用游标读数原理来直接测量工件角或进行划线的一种角度量具。万能角度尺的读数机构是根据游标原理制成的，主尺的刻线每格为 1°。游标的刻线是取主尺的 29°等分为 30 格，因此，游标两刻线间为 29°/30，即主尺与游标一格的差值为 2，也就是说万能角度尺读数准确度为 2。其读数方法与游标卡尺完全相同。

图 3.12 螺纹规

图 3.13 万能角度尺

【练 习 题】

1. 机械加工中，常用的长度测量工具有哪些？
2. 简述游标卡尺的读数方法。
3. 千分尺测量零件尺寸时应注意哪些问题？
4. 对于有配合要求的零件，如何保证测量的准确性？
5. 简述内径百分表的使用方法。
6. 如果在测量过程中发现零件尺寸超差，应该采取哪些措施？
7. 简述塞尺的工作原理和应用范围。
8. 量块的使用和维护要点是哪些？
9. 简述千分尺使用后的维护方法。
10. 如果游标卡尺主尺读数为 32mm，游标上第 6 条刻度对齐，且游标刻度每条为 0.02mm，则总读数为多少？

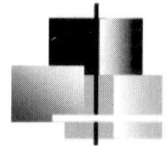

第 4 章

钳 工

4.1 钳 工 概 述

钳工是制造业和维修领域中的重要工种之一，主要负责使用各种手工工具和机械设备对金属零件进行加工、装配、维护和修理，如划线、錾削、锯削、锉削、钻孔、扩孔、锪孔、铰孔、攻螺纹、套螺纹、矫正和弯形、铆接、刮削、研磨、机器装配调试，设备维修，测量和简单的热处理等。钳工的工作通常涉及精密测量、切割、焊接、钻孔、打磨等操作，广泛应用于机械制造、建筑、汽车、航空等多个行业。钳工的主要工作职责为零件加工、装配和调试，设备维修和保养。

钳工的主要种类为机修钳工和工具钳工，机修钳工主要从事各种机械设备的维护修理工作。工具钳工主要从事工具、模具、刀具的设计制造和修理。

4.2 钳工基本操作

4.2.1 划线

划线是指按图纸要求在工件上划出加工界线、中心线和其他标志线的钳工作业。划线工具主要是划线平台和划针等，如图 4.1 所示。

在单件和中、小批量生产中的铸锻件毛坯和形状比较复杂的零件，在切削加工前通常需要划线。划线的作用是：①确定毛坯上各孔、槽、凸缘、表面等加工部位的相对坐标位置和加工面的界线，作为在加工设备上安装调整和切削加工的依据；②对毛坯的加工余量进行检查和分配，及时发现和处理不合格的毛坯。划线一般在平台上进行，常用的划线工具有划针、划线平台、直角尺、中心冲等。为了能划出清晰的线条，对已经加工过的表面则涂一层适量的蓝油。

(a) 划线平台　　　　　　(b) 划针

图 4.1 划线工具

4.2.2 锯削

锯削是钳工操作中常见的一种加工方法，主要用于将材料切割成所需的尺寸和形状。锯削通过使用锯削工具（如手锯）对工件进行切割，以获得所需的形状和尺寸。主要适用于金属、塑料、木材等材料的加工。

常用的工具与设备有钢锯、台虎钳、钳工台等，如图4.2所示。钢锯为最常用的锯削工具，具有不同齿距和形状的锯条，用于切割不同材质和厚度的工件。钳工台用于固定工件，确保在锯削过程中工件不移动。

（a）钳工台　　　　　　　　　　　　　　（b）台虎钳

图4.2　锯削设备

锯削时，先根据材料的硬度和厚度选择合适齿距的锯条。将锯条安装在手锯架上，锯齿向前，确保其紧固并保持适当的张力。使用台钳将工件固定在工作台上，确保稳固。使用划针和直尺在工件表面划出切割线并且切割，切割位置需准确，用大拇指将锯条定位，慢慢切入工件，起锯方式分远起锯和近起锯两种，根据个人需求选择，如图4.3所示。在切割不同厚度材料时，可将锯条角度调整后进行，改变切割方位，增大切割范围，如图4.4所示。

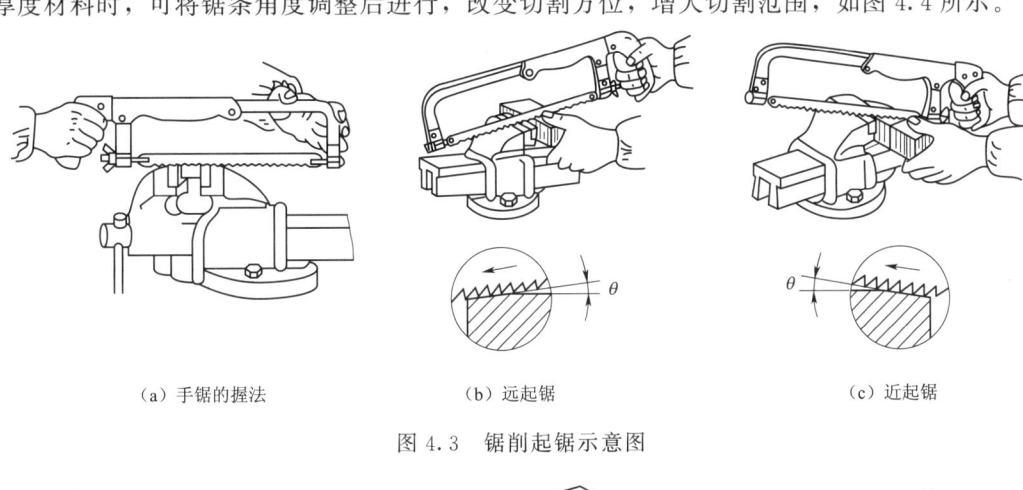

（a）手锯的握法　　　　　　（b）远起锯　　　　　　（c）近起锯

图4.3　锯削起锯示意图

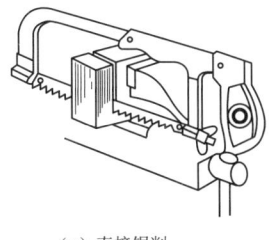

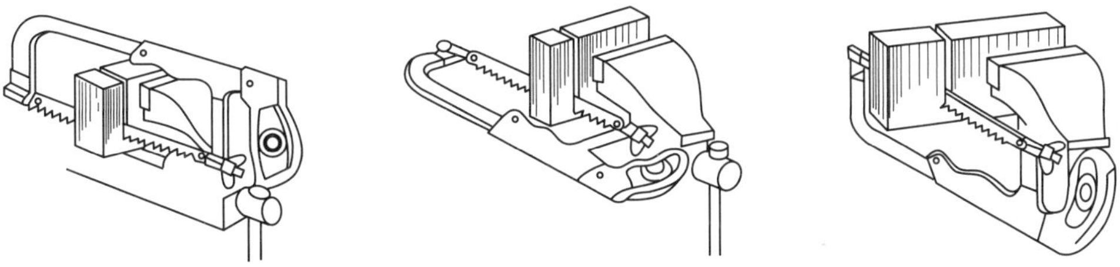

（a）直接锯削　　　　　（b）锯条转过90°锯削　　　　　（c）锯条转过180°锯削

图4.4　锯条角度调整示意图

锯削时需要注意以下几点：

（1）操作人员站在手锯的正后方，双手握持手锯，一手握住锯柄，另一手轻扶锯条前端。

（2）保持锯条与工件表面呈15°～30°，以利于锯齿切入材料。

（3）采用推拉动作进行锯削，开始时用力轻，待锯条切入工件后逐渐加力，保持均匀的速度和力度。沿划线锯削，注意保持锯条与划线平行，避免偏斜。

（4）在锯削过程中保持适当的力度，避免用力过猛导致锯条折断或工件变形。

（5）当即将完成切割时，减轻锯削力度，以防止锯条突然脱离工件导致切口不平整，也可防止操作人员锯削姿态失控造成受伤。

4.2.3 錾削

錾削是一种传统的手工加工方法，主要用于金属表面的凿削和整形。錾削常用于制造、修理和调整工件，通过使用錾子和锤子对金属材料进行切削、凿削或修整，如图4.5所示。錾削操作可以用于各种材料，如钢、铸铁、铝等。

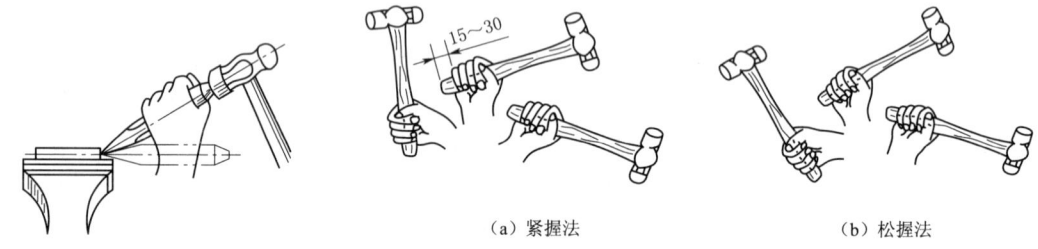

图4.5 錾削操作示意图　　　　　　　图4.6 手锤握姿示意图
　　　　　　　　　　　　　　　　　　（a）紧握法　　　（b）松握法

1. 工具与设备

錾子：錾子是錾削操作的主要工具，其刃口锋利，通常由高碳钢制成。根据用途不同，錾子有多种类型，如平錾子、凹錾子、尖錾子等。

手锤：用于敲击錾子的工具，通常选择小型或中型锤子，手锤握姿如图4.6所示。

台虎钳：用于固定工件，确保在錾削过程中工件不移动。

划线工具：如划针、直尺，用于在工件表面划出錾削线。

2. 錾削操作

（1）准备工作：根据加工需求选择合适类型的錾子。

（2）固定工件：使用台钳将工件固定在工作台上，确保稳固。

（3）划线定位：使用划针和直尺在工件表面划出錾削线，确保切削位置准确。

（4）开始錾削：左手握住錾子的手柄，右手握住锤子（对于右手操作人员）。

（5）錾削角度：将錾子的刃口对准划线位置，通常与工件表面呈30°～45°角。

（6）敲击錾子：右手用锤子敲击錾子的顶部，使其刃口逐渐切入材料。

（7）錾削过程控制。

1）保持直线：沿划线錾削，注意保持錾子与划线平行，避免偏斜。

2）切削力度：在錾削过程中保持适当的敲击力度，避免用力过猛导致錾子滑脱或工件变形。

(8) 錾削结束：完成錾削后，检查工件表面质量，确保达到预期效果。如有必要，使用锉刀对錾削面进行修整，使其平滑无毛刺。

3. 安全注意事项

(1) 佩戴个人防护装备：如护目镜和手套，防止錾屑飞溅和手部受伤。
(2) 检查工具：确保錾子和锤子的完好，錾子刃口锋利，无裂纹，锤子手柄牢固。
(3) 工作姿势正确：保持正确的站位和操作姿势，防止疲劳和意外伤害。
(4) 集中注意力：在錾削过程中集中注意力，避免分心。

通过掌握上述操作步骤和安全注意事项，可以提高錾削操作的效率和质量，确保加工安全。錾削是一种需要技巧和经验的手工操作，通过不断练习，可以逐步提高操作水平。

4.2.4 锉削

锉削是一种非常重要的钳工操作方法，主要用锉刀来去除工件表面的材料，修整工件形状，或进行精细加工，锉削可加工平面、台阶面、角度面、曲面、沟槽和各种形状的孔等。

1. 锉刀的分类

锉刀按截面形状分类，有平锉、半圆锉、方锉、三角锉、圆锉等，如图4.7所示。锉刀的长度通常以刀体部分的长度来衡量，不包括手柄。常见规格有100mm、150mm、200mm、250mm、300mm等。

按齿形和齿距分为粗齿、中齿和细齿。粗齿：齿距大，去除材料多，适用于粗加工；中齿：齿距适中，适用于中等加工；细齿：齿距小，去除材料少，适用于精加工。

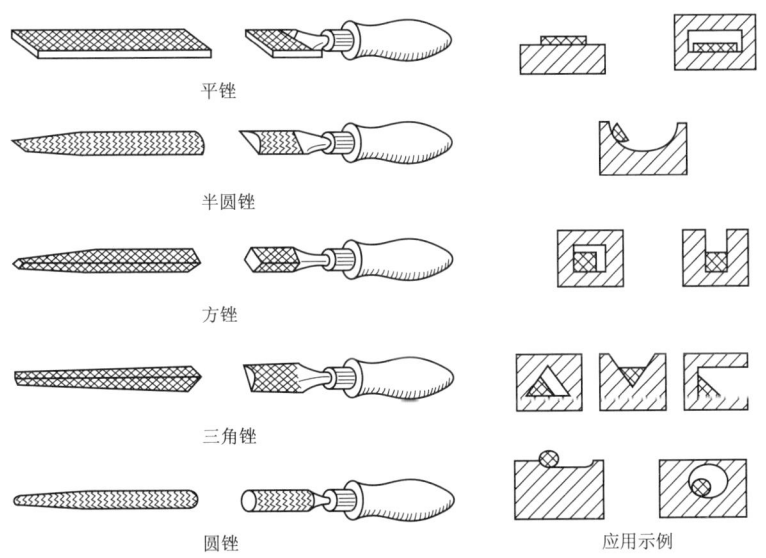

图 4.7 锉刀断面形状及应用

2. 锉削操作的详细要领和步骤

锉削时人的站立位置与锯削相似，锉削操作姿势如图4.8所示，身体重量放在左脚，右膝要伸直，双脚始终站稳不移动，靠左膝的屈伸而作往复运动。开始时，身体向前倾斜10°左右，右肘尽可能向后收缩。在最初三分之一行程时，身体逐渐前倾至15°左右，左膝稍弯曲。其次三分之一行程，右肘向前推进，同时身体也逐渐前倾到18°左右。最后三分之一行程，用右手腕将锉刀推进，身体随锉刀向前推的同时自然后退到15°左右的位置上，锉削行程结束后，把锉刀略提起一些，身体姿势恢复原位。

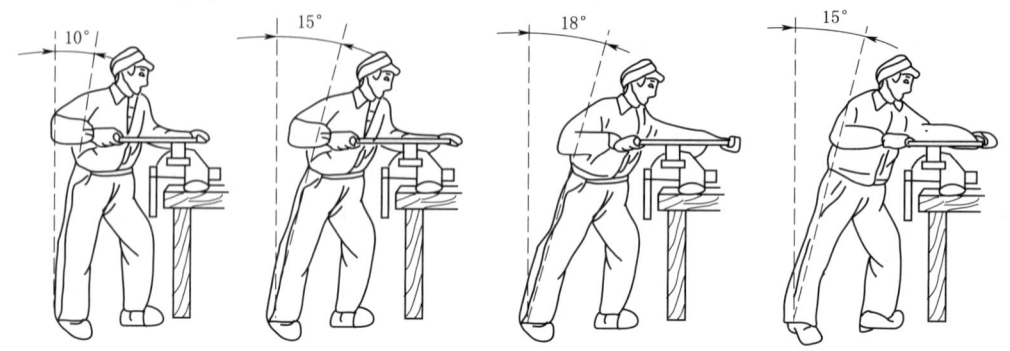

图4.8 锉削的基本操作示意图

锉削过程中，两手用力也时刻在变化。开始时，左手压力大推力小，右手压力小推力大。随着推锉过程，左手压力逐渐减小，右手压力逐渐增大。锉刀回程时不需要加压，用来减少锉齿的损耗。锉刀来回往复运动速度一般为30～40次/min，推出时慢，回程时可快一点。

4.2.5 钻孔、攻螺纹和套螺纹

1. 钻孔

钻孔是一种常见的机械加工工艺，是利用钻头在工件上加工出圆形孔的过程。钻孔广泛应用于制造、建筑、维修和装配等领域。钻孔通常是加工工件的第一步，为后续的螺纹加工、扩孔、铰孔等操作提供前期工艺基础。钳工加工孔的方法一般指钻孔、扩孔和铰孔。钻孔的尺寸公差等级低，为IT11～IT12；表面粗糙度大，Ra值为50～12.5μm。机械加工常用的钻削机床及工具为钻床及麻花钻。

（1）钻床。钻床是一种主要用钻头在工件上加工孔的机床。钻床通过电动机带动主轴旋转，主轴上安装的钻头随之旋转，同时通过手动或自动进给机构使钻头向工件进给，实现对工件的钻孔加工。钻床广泛应用于机械制造、模具加工、汽车制造、航空航天等行业，可用于加工各种材料的工件，如金属、塑料、木材等。

常见的钻床类型有台式钻床、立式钻床、摇臂钻床等。

台式钻床简称台钻，如图4.9（a），是一种小型钻床，安装在工作台上使用。主要用于加工小型零件上的小孔，钻孔直径一般在13mm及以下。

立式钻床，主轴垂直布置，可进行钻孔、扩孔、铰孔、锪平面和攻螺纹等加工。适用于中、小型工件的孔加工。

摇臂钻床，如图4.9（b），有一个可绕立柱旋转和上下移动的摇臂，主轴箱可在摇臂上移动。适用于加工大型和多孔的工件，加工范围广，操作灵活。

（2）麻花钻。麻花钻是一种常用的孔加工刀具。其结构主要由柄部、颈部和工作部分组成。柄部用于装夹在机床主轴上，有直柄和锥柄两种形式，锥柄加持力大，一般直径大

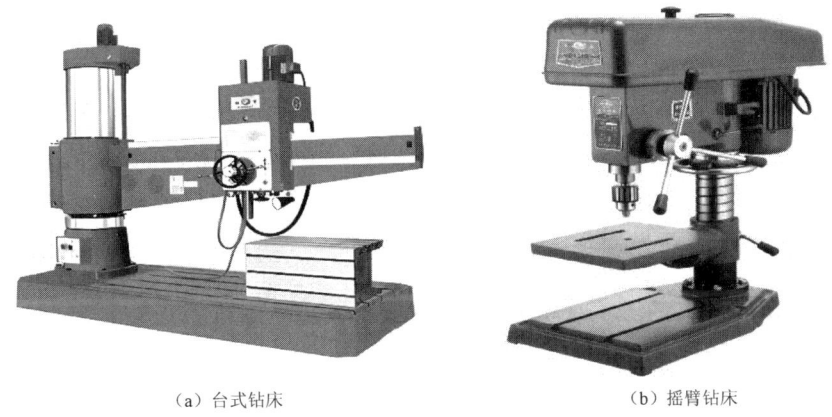

(a) 台式钻床　　　　　　(b) 摇臂钻床

图 4.9　常用的钻床

于 13mm 以上为锥柄。麻花钻颈部是柄部和工作部分的过渡部分，一般刻有商标、钻头直径和材料等标记。工作部分包括切削部分和导向部分。切削部分承担主要的切削工作，由两个螺旋形的主切削刃、横刃及前刀面、后刀面等组成。导向部分在钻孔时起导向作用，同时也是切削部分的后备部分，如图 4.10 所示。

麻花钻通过旋转并轴向进给，主切削刃对工件进行切削，将工件材料切除形成孔。横刃在钻孔初期起定心作用，

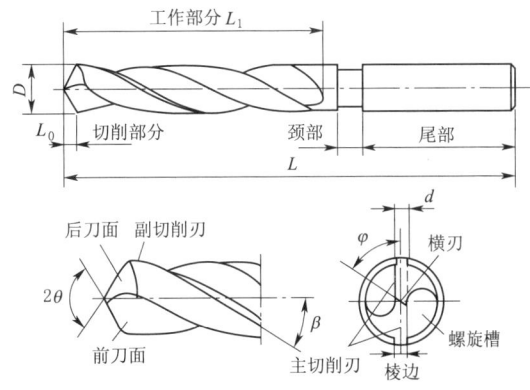

图 4.10　麻花钻结构图

但同时也会产生较大的轴向力。随着钻头的旋转，切屑沿着螺旋槽排出。

钻孔切削用量选择：

切削用量是指切削加工过程中的切削速度、进给量和背吃刀量。

1）切削速度 v。

$$v = \pi \frac{dn}{1000} \qquad (4.1)$$

式中　d——钻头直径，mm；
　　　n——钻头转速，r/min；
　　　v——切削速度，m/min。

2）进给量 f。进给量指切削时主运动每转一周或每往复一次，工件与刀具在进给方向上的移动量。

3）背吃刀量 a。背吃刀量指工件已加工表面和待加工表面之间的垂直距离。

钻孔时选择切削用量的基本原则：在允许范围内，尽量选择较大的背吃刀量，在具体选择时应根据钻头直径、钻头材料、工件材料、表面粗糙度等因素来决定。

钻削时需要选择合理的切削液，切削液有降温、清洗、润滑等作用，可以保证孔加工

质量，延长钻头使用寿命。

2. 攻螺纹与套螺纹

攻螺纹和套螺纹是机械加工中两种常用的螺纹加工方法。

（1）攻螺纹。用丝锥在工件孔中切削出内螺纹的加工方法。攻螺纹工具通常为丝锥，如图 4.11 所示。丝锥是由高速钢或硬质合金制成，有头锥、二锥之分，头锥用来初步切削螺纹，二锥对螺纹进行精加工以保证螺纹的精度和质量。

（a）丝锥　　　　　　　（b）板牙

图 4.11　丝锥与板牙

攻丝操作：先在工件上确定要攻螺纹的孔的位置，并进行钻螺纹底孔，孔径一般略大于螺纹的小径。再将丝锥装夹在工具柄上，如铰杠等，通过手动或机动旋转丝锥并施加轴向压力，使丝锥切入工件孔内，逐步切削出内螺纹。在攻螺纹过程中，要保证丝锥垂直，并要经常倒转丝锥以排出切屑，防止切屑堵塞丝锥，造成丝锥断裂、螺纹损坏，如图 4.12（a）所示。

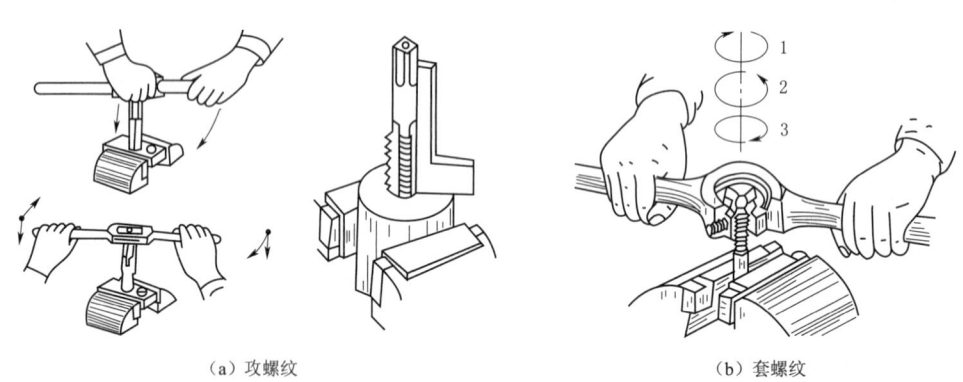

（a）攻螺纹　　　　　　　（b）套螺纹

图 4.12　手动加工螺纹图

底孔直径的确定如下：

钢和塑性较大的材料

$$D_0 = D - P \tag{4.2}$$

式中　D——内螺纹大径，mm；

　　　P——螺距，mm。

铸铁和塑性较小的材料

$$D = D_0 - (1.05 - 1.1)P \tag{4.3}$$

（2）套螺纹。用板牙在金属圆棒或管子上切削出外螺纹的加工方法。套螺纹工具通常为板牙，如图 4.11 所示。板牙是由高速钢制成，是一个带有切削刃的环形工具。

套螺纹工作过程先将圆棒或管子的端部进行倒角，以便板牙容易切入。将板牙安装在板牙架上，然后将底杆固定在台虎钳等工具上，使板牙对准工件端部并施加压力，通过手动或机动旋转板牙架，使板牙在工件上逐渐切削出外螺纹。在套螺纹过程中，要经常加注润滑油以减少摩擦和切削阻力，并如图 4.12（b）1、2、3 步骤进行左右旋排屑，以便顺利攻丝。

套丝前圆棒直径的确定

$$d_0 = d - 0.13p \tag{4.4}$$

式中　d_0——圆杆直径，mm；
　　　d——外螺纹大径，mm；
　　　p——螺距，mm。

4.3　钳工安全操作规程

（1）工作前必须按规定穿戴好防护用品，如工作服、安全帽、防护眼镜等，女生长发要束在工作帽内。

（2）工作前检查工具、设备完好性，如手锤锤头牢固、錾子无裂缝、机床安全等，场地要整洁、通风、光亮。

（3）开动机床前应检查机床各部位，使用前查电源线、接好地线，潮湿环境防触电，异常立即停用维修。必须把机床应锁紧的部位锁紧。不得戴手套，装卸工件、变换转速、更换钻头前必须停车。加工出的钻屑必须用毛刷清除。

（4）锉削时，锉刀装柄且牢固，身体动作协调，压力适宜，不得用嘴吹锉屑，以防锉屑飞入眼内，也不能用手直接清除锉屑，应用毛刷清扫。

（5）锯削时，工件要夹牢，锯条安装应松紧适度，锯削时用力要均匀，防止锯条折断伤人，锯削时严禁将手伸到锯弓行程范围内。

（6）当錾削工件时需戴防护镜，在錾屑方向注意不得有人，以免伤人。使用榔头首先要检查把柄是否松脱，并擦净油污。握榔头的手不准戴手套。

（7）攻丝、套丝选对工具并安装好，保持垂直，加润滑油，若工具折断小心处理。

（8）使用手锤时，不得戴手套，锤柄不得有油污，挥锤前应注意周围环境，确认安全后方可操作，挥锤时应避免正前方有人。

（9）使用砂轮机，查砂轮无裂纹、防护罩完好，站侧面操作，工件拿稳，不过度施压与久磨一处。

（10）工作结束清理场地、整理归位工具，关闭设备电源，妥善处理废料，定期参加安全培训，增强安全意识。

4.4　钳工实操案例

本节以錾口手锤制作为例。

1. 教学目的

通过制作錾口手锤，练习锯、锉、钻孔、攻螺纹等基本操作，使学生掌握錾口手锤的钳工制作工艺。

2. 工具准备

(1) 钳工工作台一张，台钻一台。

(2) 手锤坯料一块。

(3) 手锤零件图（图4.13）。

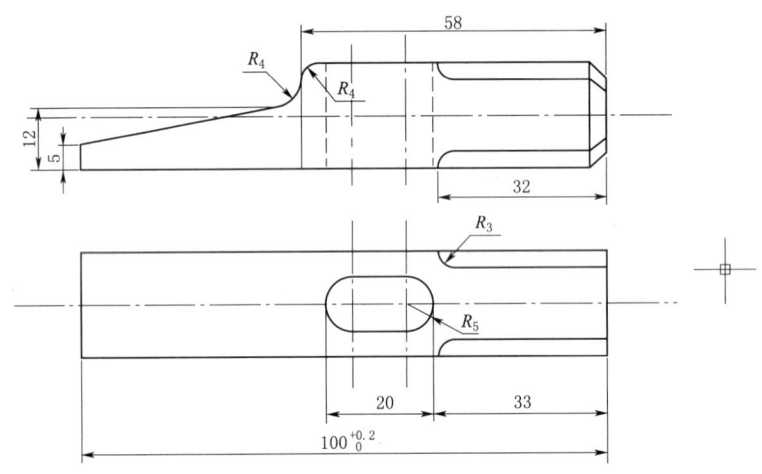

图4.13 錾口手锤零件图

3. 操作内容

(1) 手锤制作的主要工艺过程

1) 下料。

2) 锉削各外表面使之达到图纸规定的形状和尺寸，将一端锉平，保证与四面垂直。

3) 划 R_3 圆弧及四棱加工线。

4) 锉 R_3 圆弧，锉四棱角。

5) 在中缝处划 $\phi 10$ 小圆并钻孔。

6) 划斜面加工线与 $\phi 10$ 孔相切。

7) 锯斜面、锉斜面及圆弧。

介绍台钻的组成部分。示范讲解钻头的安装方法及钻孔的方法。

(2) 制作锤头时注意事项：凡是加工余量很大的地方，应尽量先锯后锉，以提高生产效率。钻孔时，工件一定要用平口钳夹紧，用手扶住平口钳，不准手拿棉丝和戴手套，钻孔过程中不准用手清除铁屑，孔临近钻通时，用力要小。

4. 教学流程

教学流程见表4.1。

表 4.1　　　　　　　　　　　教 学 流 程

序号	教 学 内 容	教学时长（总计：40min）
1	安全教育	2min
2	錾口手锤图纸及工艺讲解	15min
3	錾口手锤制作工具介绍，操作示范	15min
4	制作过程注意事项讲解	5min
5	分配工位，分发工具，作好训练准备	3min

钳工工艺简介

【练 习 题】

1. 常用的钳工工艺方法有哪些？
2. 什么叫划线？划线的主要作用是什么？
3. 麻花钻由哪几部分组成？其作用分别是什么？
4. 手工钻孔过程中，如何防止钻头打滑和偏移？有哪些有效的操作方法和技巧？
5. 什么是锯路？有何作用？起锯的作用是什么？
6. 怎样正确选用粗、中、细齿锯条？试分析锯条折断的原因？
7. 选择锉刀的原则是什么？
8. 为什么在加工前要对毛坯或半成品进行划线？
9. 试用计算法确定 M18 螺纹前钻底孔的钻头直径。
10. 加工 M10 的粗牙外螺纹，求圆杆直径是多少？

第 5 章

车 削 加 工

5.1 车 削 加 工 概 述

车削加工是一种常见的机械加工工艺，通过使用车床和刀具将工件进行旋转切削，并去除多余的材料以达到所需的形状和尺寸。车削广泛应用于制造轴类、圆柱类和圆锥类零件。其中，工件的旋转运动为主运动，刀具相对工件的横向或纵向移动为进给运动。车削加工尺寸精度较高，一般可达 IT12～IT7，精车时可达 IT6～IT5。表面粗糙度 *Ra* 数值的范围一般是 6.3～0.8μm。车工在切削加工中是最常用的一种加工方法，在机械加工中具有重要的地位和作用。

车床的加工范围很广，能够加工各种内、外圆柱面，内、外圆锥面，端面，内、外沟槽，内、外螺纹，内、外成形表面，丝杠，钻孔，扩孔，铰孔，镗孔，攻螺纹，套螺纹，滚花等。常见的车床有普通车床、数控车床（CNC LATHE），如图 5.1 所示。

(a) 钻中心孔　(b) 钻孔　(c) 车内孔　(d) 铰孔　(e) 车内锥孔

(f) 车端面　(g) 车槽或切断　(h) 车螺纹　(i) 滚花　(j) 车短圆锥

(k) 车长圆锥　(l) 车长外圆　(m) 车成型面　(n) 攻螺纹　(o) 车短外圆

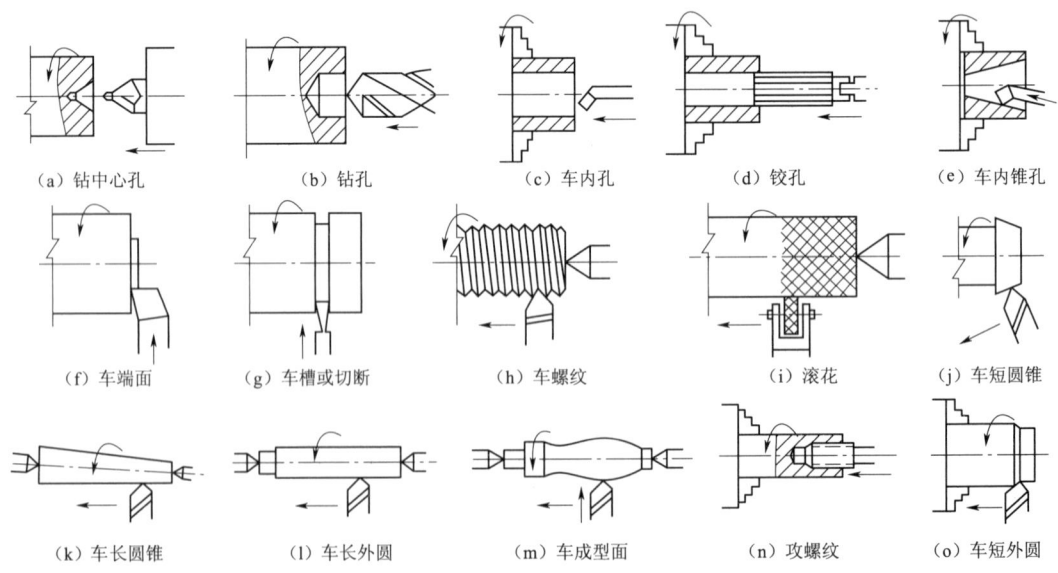

图 5.1　车床加工范围

5.2 普 通 车 床

普通车床的种类很多,有卧式车床,立式车床,仪表车床等。其中应用最广泛的是卧式车床。

5.2.1 卧式车床的型号与组成

1. 机床型号

机床型号是机床的代号,用来表示机床的类别、主要技术参数、结构特性等。它由汉语拼音字母及阿拉伯数字组成。如 CA6140 型表示床身上最大工件回转直径为 400mm 的卧式普通车床,其型号中字母及数字的含义如下:

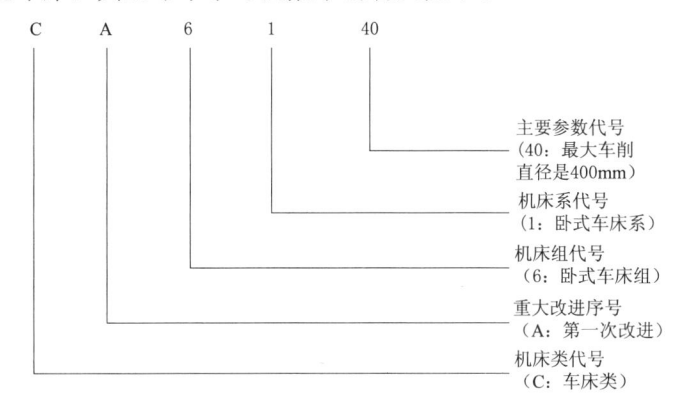

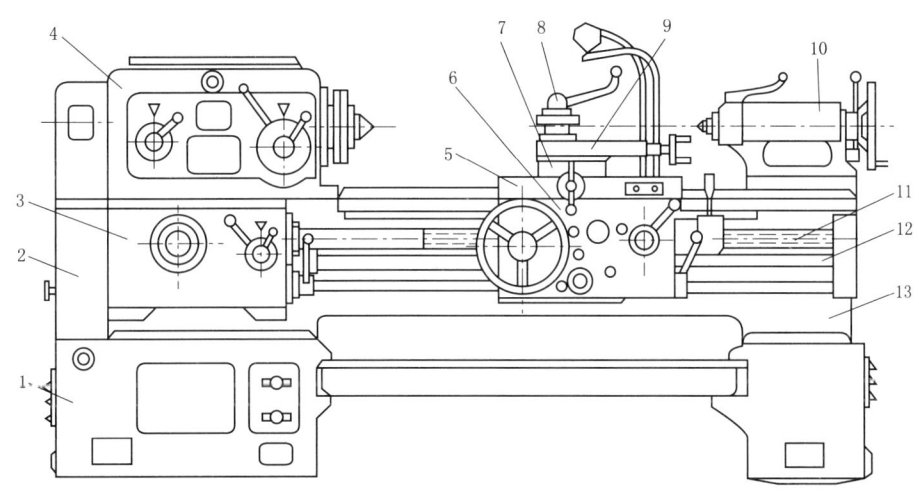

```
C   A   6   1   40
                │
                ├── 主要参数代号
                │   (40:最大车削
                │   直径是400mm)
            ├────── 机床系代号
            │       (1:卧式车床系)
        ├────────── 机床组代号
        │           (6:卧式车床组)
    ├────────────── 重大改进序号
    │               (A:第一次改进)
├────────────────── 机床类代号
                    (C:车床类)
```

图 5.2 CA6140 普通车床结构图

1—床脚;2—挂轮;3—进给箱;4—主轴箱;5—纵溜板;6—进给箱;7—横溜板;
8—刀架;9—上溜板;10—尾座;11—丝杠;12—光杠;13—床身

2. 卧式车床的结构

卧式车床是一种常见的车床类型,适用于加工轴类、盘类等回转体零件,如图 5.2 所示。其结构较为复杂,主要包括以下几个部分:

(1) 床身。

功能：车床的主要支撑部分，用于安装和固定其他各个部件。

特点：通常由铸铁制造，以保证足够的刚性和稳定性。床身上有导轨，用于支撑和引导其他运动部件。

(2) 主轴箱。

功能：主轴箱内装有主轴、变速机构和传动装置，是车床的动力输出部分。

主轴：主要用于夹持和旋转工件，通常通过卡盘、顶尖或其他夹持工具来固定工件。

变速机构：提供不同的转速，以适应各种加工要求。

(3) 进给箱。

功能：用于实现刀具的自动进给，包含进给传动系统和控制机构。

进给机构：可以沿着床身的导轨进行移动，实现刀具的纵向和横向进给。

(4) 刀架。

功能：安装车刀并进行切削运动的部分，分为小刀架和大刀架。

小刀架：安装在大刀架上，可以进行横向和纵向微调，以实现精细加工。

大刀架：固定在进给箱上，进行较大范围的移动和调整。

(5) 尾座。

功能：支撑长工件的另一端，安装在床身的另一端并能沿导轨移动。

结构：包含尾座体、套筒和顶尖，用于支撑工件和实现钻孔等加工。

(6) 光杠与丝杠。

将进给箱的运动传至溜板箱。光杠用于一般车削，丝杠用于车螺纹。

(7) 其他辅助装置。

冷却系统：用于切削过程中冷却刀具和工件，延长刀具寿命并提高加工质量。

润滑系统：对各运动部件进行润滑，减少摩擦和磨损，保证车床正常运行。

防护装置：如防护罩和防护网，确保操作人员的安全。

5.2.2 车床常用附件及工件的安装

工件的安装主要任务是使工件准确定位及夹持牢固。由于各种工件的形状和大小不同，所以有各种不同的安装方法。在普通车床上常用自定心卡盘、四爪单动卡盘、顶尖、中心架、心轴、花盘及弯板等附件安装工件。

1. 工件在三爪卡盘上的安装

三爪卡盘是车床最常用的附件（图5.3），卡盘上的三爪通过平面螺纹可实现自动定心兼夹紧，其装夹工作方便，扭矩较小，故自定心卡盘适于夹持圆柱形、正三边形和正六边形截面的中、小工件。当安装直径较大的工件时，可使用反爪。

2. 工件在四爪卡盘上的安装

四爪卡盘也是车床常用的附件（图5.4），卡盘上的四个爪分别通过及转动螺杆而实现上下移动。可根据加工的要求，利用划针盘校正后，确定加工中心。四爪卡盘安装精度比自定心卡盘高，单动卡钳的夹紧力大，适用于夹持较大的圆柱形工件或形状不规则的工件。

图 5.3 三爪卡盘

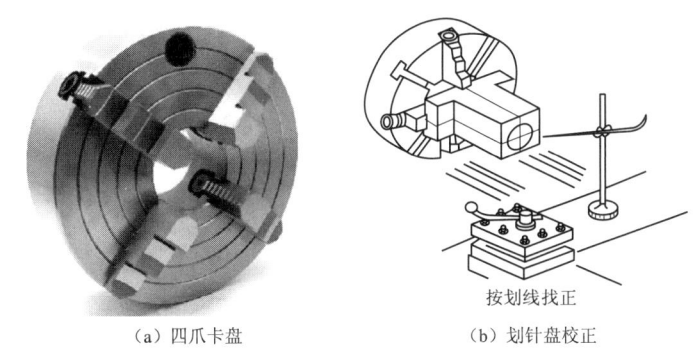

(a）四爪卡盘　　　　　　　　　（b）划针盘校正

图 5.4　四爪卡盘及工件安装方法

3. 顶尖

常用的顶尖有死顶尖和活顶尖两种，如图 5.5 所示。

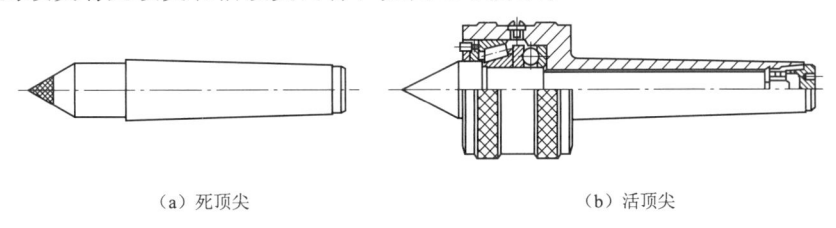

（a）死顶尖　　　　　　　　　（b）活顶尖

图 5.5　顶尖

在车削加工中，顶尖可以与机床主轴配合，准确地确定工件的旋转中心，使工件在加工过程中保持正确的位置。尤其对于长轴类零件，两端用顶尖顶住，可以确保工件的轴线与机床主轴轴线重合，保证加工精度。

4. 中心架和跟刀架的使用

中心架和跟刀架是车床加工中常用的辅助设备，如图 5.6 所示，它们主要用于支撑长工件，防止工件在加工过程中发生振动或变形，提高加工精度和稳定性。

中心架主要用于支撑长工件的中部。它通常安装在车床的床身上，在工件的某一固定位置支撑工件。中心架通过可调节的顶针或滚轮来接触工件表面，提供支撑。当工件的长度较长时，远离卡盘的一端容易发生挠曲，中心架可以支撑工件的中间部分，防止挠曲。

跟刀架用于支撑工件远离卡盘的一端，并且可以随着刀具移动而移动，如图 5.7 所示。

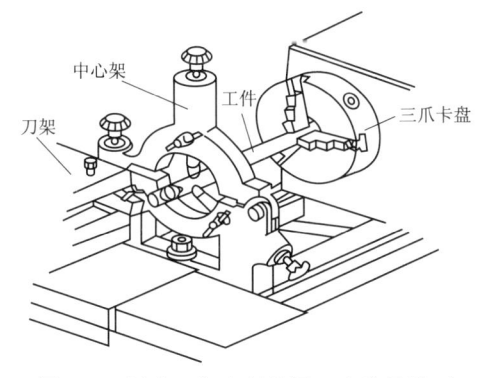

图 5.6　用中心架车削外圆、内孔及端面 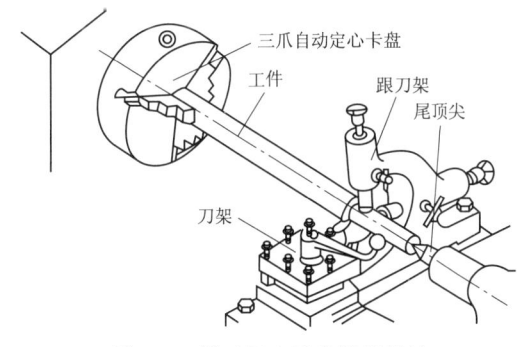　　　　图 5.7　跟刀架支承车削细长轴

它通常安装在刀架上，和刀具一起移动，以便随时支撑工件。加工长轴类工件的内孔或外圆：当需要加工远离卡盘的工件部分时，跟刀架可以随刀具一起移动，持续提供支撑。

5.2.3 车床常用刀具介绍

1. 车刀的种类和用途

在车削过程中，由于零件的形状、大小和加工要求不同，采用的车刀也不相同。车刀的种类很多，用途各异，现介绍几种常用车刀，如图 5.8 所示。

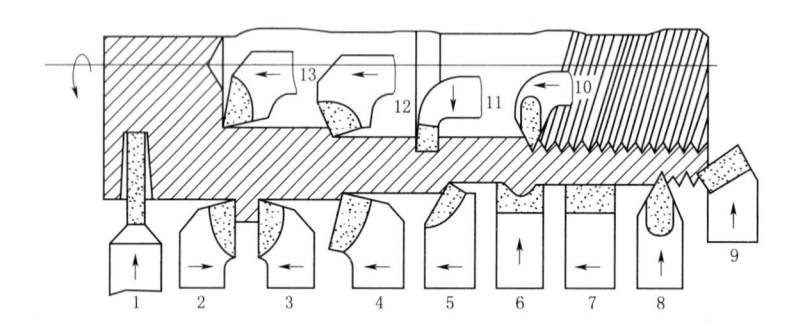

图 5.8 常用车刀的种类、形状和用途

1—切断刀；2—90°左偏刀；3—90°右偏刀；4—弯头车刀；5—直头车刀；
6—成型车刀；7—宽刃精车刀；8—外螺纹车刀；9—端面车刀；
10—内螺纹车刀；11—内槽车刀；12—通孔车刀；13—不通孔车刀

(1) 偏刀。主偏角为 90°，用来车削工件的端面和台阶，有时也用来车外圆，特别是用来车削细长工件的外圆。偏刀分为左偏刀和右偏刀两种。

(2) 端面车刀。主偏角为 45°。主要用于车削不带台阶的光轴，它可以车外圆、端面和倒角，使用比较方便，刀头和刀尖部分强度高。

(3) 切断刀和切槽刀。切断刀的刀头较长，其刀刃亦狭长，这是为了减少工件材料消耗和切断时能切到中心的缘故。因此，切断刀的刀头长度必须大于工件的半径。切槽刀与切断刀基本相似，只不过其形状应与槽间一致。

(4) 镗孔刀。用来加工内孔。它可以分为通孔刀和盲孔刀两种。通孔刀的主偏角小于 90°，一般在 45°～75°之间，副偏角 20°～45°，扩孔刀的后角应比外圆车刀稍大，一般为 10°～20°。不通孔刀的主偏角应大于 90°，刀尖在刀杆的最前端，为了使内孔底面车平，刀尖与刀杆外端距离应小于内孔的半径。

(5) 螺纹车刀。螺纹按牙型有三角形、方形和梯形等，相应使用三角形螺纹车刀、方形螺纹车刀和梯形螺纹车刀等。螺纹的种类很多，其中以三角形螺纹应用最广。采用三角形螺纹车刀车削公制螺纹时，其刀尖角必须为 60°，前角取 0°。

2. 车刀组成

车刀是形状最简单的单刃刀具，其他各种复杂刀具都可以看作是车刀的组合和演变，有关车刀角度的定义，均适用于其他刀具。

(1) 车刀的结构。车刀是由刀头（切削部分）和刀体（夹持部分）所组成，车刀的切削部分是由三面、二刃、一尖所组成，如图 5.9 所示。

1) 前刀面：切削时，切屑流出所经过的表面。
2) 主后刀面：切削时，与工件加工表面相对的表面。
3) 副后刀面：切削时，与工件已加工表面相对的表面。
4) 主切削刃：前面与主后面的交线。
5) 副切削刃：前面与副后面的交线。
6) 刀尖：主切削刃与副切削刃的相交部分。

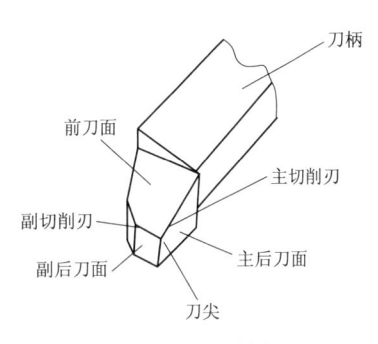

图 5.9 车刀结构

（2）车刀角度。车刀的主要角度有前角 γ_0、后角 α_0、主偏角 κ_r、副偏角 κ_r' 和刃倾角 λ_s，如图 5.10 所示。

车刀的角度是在切削过程中形成的，它们对加工质量和生产率等起着重要作用。在切削时，与工件加工表面相切的假想平面称为切削平面，与切削平面相垂直的假想平面称为基面，另外采用机械制图的假想剖面（主剖面），由这些假想的平面再与刀头上存在的三面二刃就可构成实际起作用的刀具角度，如图 5.11、图 5.12 所示。对车刀而言，基面呈水平面，并与车刀底面平行。切削平面、主剖面与基面是相互垂直的。

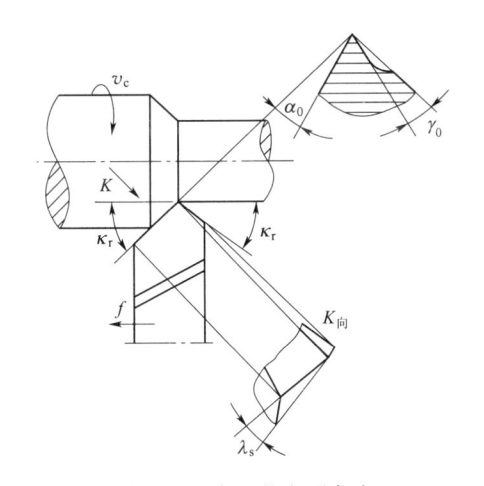

图 5.10 车刀的主要角度

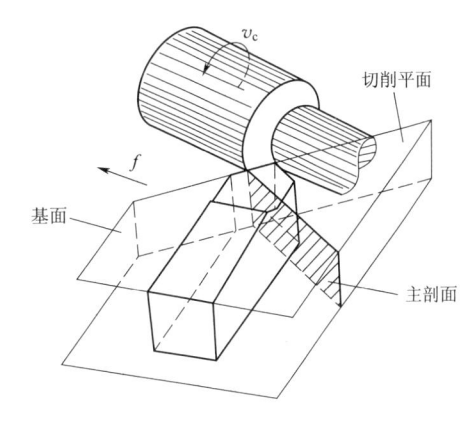

图 5.11 确定车刀角度的辅助平面

1) 前角 γ_0。前面与基面之间的夹角，表示前面的倾斜程度。前角可分为正、负、零，前面在基面之下则前角为正值，反之为负值，相重合为零。一般所说的前角是指正前角而言。

前角的作用：增大前角，可使刀刃锋利、切削力降低、切削温度低、刀具磨损小、表面加工质量高。但过大的前角会使刃口强度降低，容易造成刃口损坏。

选择原则：用硬质合金车刀加工钢件（塑性材料等），一般选取 $\gamma_0=10°\sim20°$；加工灰口铸铁（脆性材料等），一般选取 $\gamma_0=5°\sim15°$。精加工时，可取较大的前角，粗加工应取较小的前角。工件材料的强度和硬度大时，前角取较小值，有时甚至取负值。

2) 后角 α_0。主后面与切削平面之间的夹角，表示主后面的倾斜程度。

后角的作用：减少主后面与工件之间的摩擦，并影响刃口的强度和锋利程度。

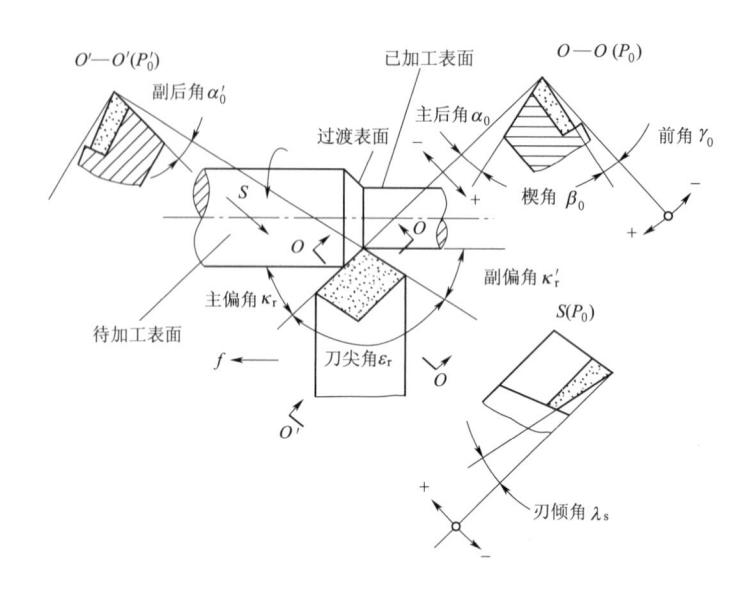

图 5.12 车刀几何角度

选择原则：一般后角可取 $\alpha_0=6°\sim8°$。

3）主偏角 κ_r。主切削刃与进给方向在基面上投影间的夹角。

主偏角的作用：影响切削刃的工作长度、切深抗力、刀尖强度和散热条件。主偏角越小，则切削刃工作长度越长，散热条件越好，但切深抗力越大。

选择原则：车刀常用的主偏角有 45°、60°、75°、90°几种。工件粗大、刚性好时，可取较小值。车细长轴时，为了减少径向力而引起工件弯曲变形，宜选取较大值。

4）副偏角 κ_r'。副切削刃与进给方向在基面上投影间的夹角。

副偏角的作用：影响已加工表面的表面粗糙度。

减小副偏角可使已加工表面光洁。

选择原则：一般选取 $\kappa_r'=5°\sim15°$，精车时可取 5°~10°，粗车时取 10°~15°。

5）刃倾角 λ_s。主切削刃与基面间的夹角，刀尖为切削刃最高点时为正值，反之为负值。

刃倾角的作用：主要影响主切削刃的强度和控制切屑流出的方向。以刀杆底面为基准，当刀尖为主切削刃最高点时，为正值，切屑流向待加工表面，如图 5.13（b）所示；当主切削刃与刀杆底面平行时，$\lambda_s=0°$，切屑沿着垂直于主切削刃的方向流出，如图 5.13（a）所示；当刀尖为主切削刃最低点时，为负值，切屑流向已加工表面，如图 5.13（c）所示。

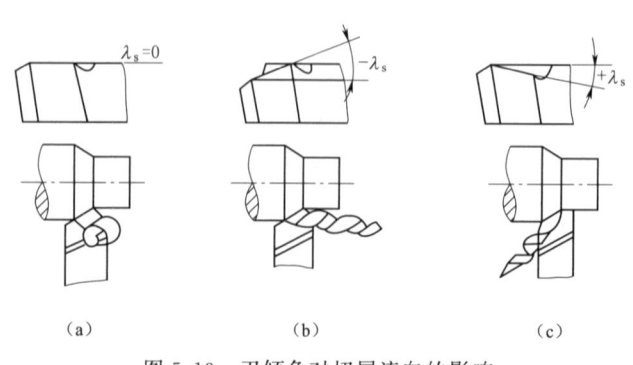

图 5.13 刃倾角对切屑流向的影响

选择原则：λ_s 一般在 0°~

±5°之间选择。粗加工时，λ_s 常取负值，虽切屑流向已加工表面无妨，但保证了主切削刃的强度好。精加工常取正值，使切屑流向待加工表面，从而不会划伤已加工表面。

5.2.4 车刀安装及其使用要点

（1）车刀刀尖应与车床主轴中心线等高。

（2）车刀不能伸出太长：因刀伸得太长，切削起来容易发生振动，使车出来的工件表面粗糙，甚至会把车刀折断，一般伸出长度不超过刀杆高度的1.5倍。

（3）每把车刀安装在刀架上时，可在刀柄下垫一些厚薄不同的垫片来调整车刀的高低。

（4）车刀位置装正后，应交替拧紧刀架螺丝。

（5）车刀刀杆应与车床主轴轴线垂直。

5.3 车 削 基 本 操 作

5.3.1 刻度盘手柄的使用及车削步骤

车削时，为了正确和迅速掌握切深，必须熟练地使用大刀架和小刀架上的刻度盘。

1. 刻度盘的使用

刻度盘是紧固在中拖板丝杠轴上，丝杠螺母是固定在中滑板上，当中拖板上的手柄带着刻度盘转一周时，中拖板丝杠也转一周，这时丝杠螺母带动中滑板移动一个螺距。所以中滑板横向进给的距离（即切深），可按刻度盘的格数计算。

刻度盘每转一格，横向进给的距离（mm）为丝杠螺距/刻度盘格数

如CA6140车床中滑板丝杠螺距为5mm，中滑板刻度盘等分为100格，当手柄带动刻度盘每转一格时，中拖板移动的距离为 $4mm \div 100 = 0.05mm$，即进刀切深为直径0.1mm。

必须注意：进刻度时，如果刻度盘手柄过了头，或试切后发现尺寸不对而需将车刀退回时，由于丝杠与螺母之间有间隙存在，绝不能将刻度盘直接退回到所要的刻度，应反转约一周后再转至所需刻度。

2. 车削步骤

在正确装夹工件和安装刀具并调整主轴转速和进给量后，通常按以下步骤进行切削。

（1）试切。在开始切削时，通常应先进行试切。以车削外圆为例，试切的方法和步骤如图5.14所示。

1）开启车床，工件转动，使车刀接近工件最大回转表面，并轻微触碰，如图5.14（a）所示。

2）向右纵向移动，车刀离开工件，如图5.14（b）所示。

3）按要求横向手摇切入，$a_{p1}=0.5mm$，如图5.14（c）所示，试切工件，如不能切出完整外圆表面，再加大背吃刀量，直到切出完整外圆表面，以便测量外径初始值，如图5.14（d）所示；向右退出，停车，测量尺寸，为后继加工作尺寸基准，如图5.14（e）所示。

4）调整切深至 a_{p2} 后，根据尺寸要求自动进给车外圆，如图5.14（f）所示。

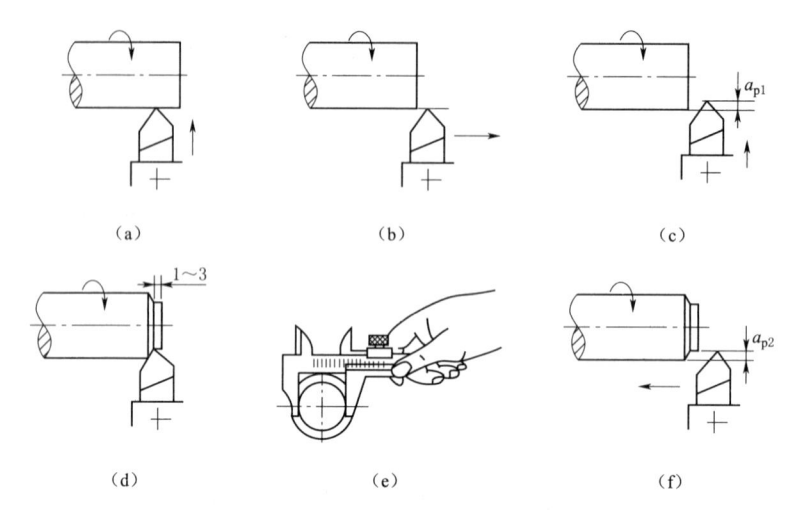

图 5.14 试切步骤示意图

（2）切削。在试切的基础上，获得合格尺寸后，就可利用自动进给进行车削。当车刀做纵向车削时，应注意车刀车削至长度尺寸 3～5mm 时或者接近三爪卡盘时，应自动进给改为手动进给，避免走刀超过所需尺寸或出现碰撞事故。

（3）粗车和精车。为了提高生产效率，保证加工质量，提高刀具寿命等要求，常把车削加工划分为粗车和精车。

粗车的目的是尽快地切去多余的金属层，使工件接近于最后的形状和尺寸。粗车后应留下 0.5～1mm 的加工余量。

精车是切去余下少量的金属层以获得零件所求的精度和表面粗糙度，因此背吃刀量较小，约 0.1～0.2mm，切削速度则可用较高或较低速，初学者可用较低速。为了提高工件表面粗糙度，用于精车的车刀的前、后面应采用油石加机油磨光，有时刀尖磨成一个小圆弧。

为了保证加工的尺寸精度，应采用试切法车削。

5.3.2 基本切削加工

5.3.2.1 车外圆

在车削加工中，外圆车削是一个基础，几乎绝大部分的工件都少不了外圆车削这道工序。车外圆时常见的方法有下列几种，如图 5.15 所示。

（1）用直头车刀车外圆：这种车刀强度较好，常用于粗车外圆，如图 5.15（a）所示。

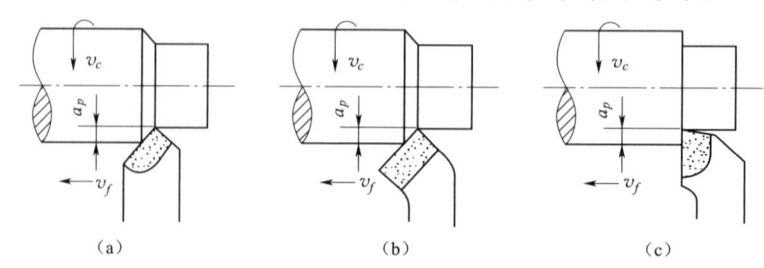

图 5.15 车削外圆

(2) 用 45°弯头车刀车外圆：适用车削不带台阶的光滑轴，如图 5.15（b）所示。

(3) 用主偏角为 90°的偏刀车外圆：适用于加工带垂直台阶的外圆和端面，如图 5.15（c）所示。

5.3.2.2 车端面和台阶

圆柱体两端的平面叫作端面。由直径不同的两个圆柱体相连接的部分叫作台阶。

1. 车端面

车端面常用的刀具有偏刀和弯头车刀两种。

1) 用右偏刀车端面，如图 5.16（a）所示，用此右偏刀车端面时，如果是由外向里进刀，则是利用副切削刃在进行切削的，故切削不顺利，而且切削深度不能过大，否则，容易扎刀；到切削快到中心时，工件的凸台会突然断掉，刀头易引起损坏。用左偏刀由外向中心车端面［图 5.16（b）］，主切削刃切削，切削条件有所改善；用右偏刀由中心向外车削端面时［图 5.16（c）］，由于是利用主切削刃在进行切削的，所以切削顺利，不易产生凹面，也不会产生上述现象。

2) 用弯头刀车端面，如图 5.16（d）所示，弯头车刀的刀尖角等于 90°，刀尖强度要比偏刀大，不仅用于车端面，还可车外圆和倒角等工件。

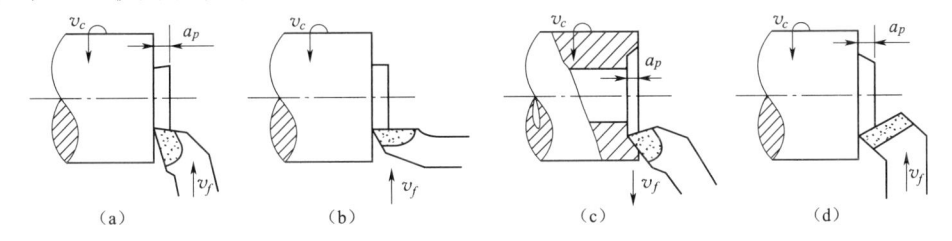

图 5.16　车削端面

2. 车台阶

(1) 低台阶车削方法。较低的台阶面可用偏刀在车外圆时一次走刀同时车出，车刀的主切削刃要垂直于工件的轴线［图 5.17（a）］，可用角尺对刀或以车好的端面来对刀［图 5.17（b）］，使主切削刃和端面贴平。

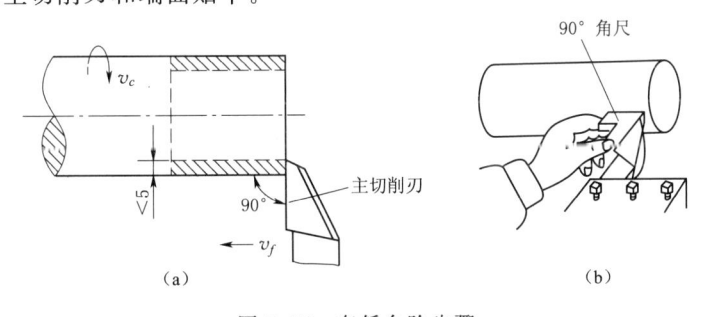

图 5.17　车低台阶步骤

(2) 高台阶车削方法。车削高于 5mm 台阶的工件，因肩部过宽，车削时会引起振动。因此高台阶工件可先用外圆车刀把台阶车成大致形状，然后将偏刀的主切削刃装得与工件端面有 5°左右的倾斜，分层进行切削，如图 5.18 所示，但最后一刀必须用横走刀完成，否则会使车出的台阶偏斜。

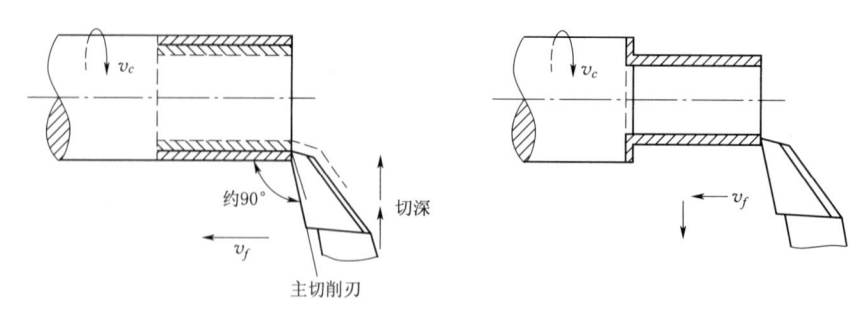

图 5.18 车高台阶步骤

为使台阶长度符合要求，可用刀尖预先刻出线痕，以此作为加工界限。

5.3.2.3 切断和车外沟槽

在车削加工中，经常需要把太长的原材料切成一段一段的毛坯，然后再进行加工，也有一些工件在车好以后，再从原材料上切下来，这种加工方法叫切断。

为了车螺纹或磨削时退刀的需要，有时将工件在靠近台阶处车出各种不同的沟槽。

1. 切断刀的安装

（1）刀尖必须与工件轴线等高，刀尖过低而且很容易使切断刀折断，如图 5.19（a）所示。刀尖过高，不易切削，如图 5.19（b）所示。

（2）切断刀和切槽刀必须与工件轴线垂直，否则车刀的副切削刃与工件两侧面产生摩擦，如图 5.20 所示。

（3）切断刀的底平面必须平直，否则会引起副后角的变化，在切断时切刀的某一副后面会与工件强烈摩擦。

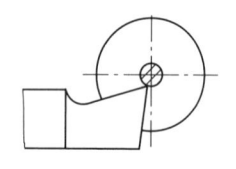

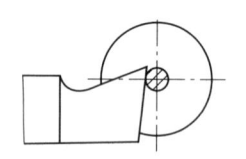

图 5.19 切断刀尖须与工件中心同高

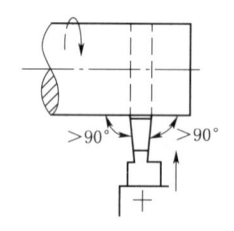

图 5.20 切槽刀的正确位置

2. 切断的方法

（1）切断直径小于主轴孔的棒料时，可把棒料插在主轴孔中，并用卡盘夹住，切断刀离卡盘的距离应小于工件的直径，否则容易引起振动或将工件抬起来而损坏车刀。如图 5.21 所示。

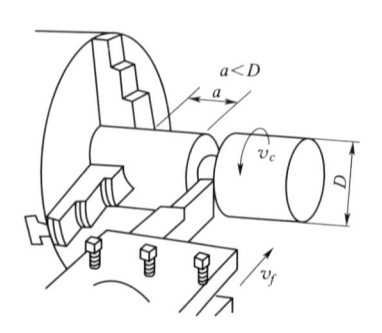

（2）切断在两顶尖或一端卡盘夹住，另一端用顶尖顶住的工件时，不可将工件完全切断。

3. 切断时应注意的事项

（1）切断刀本身的强度很差，很容易折断，所以操作时要特别小心。

（2）应采用较低的切削速度，较小的进给量。

（3）调整好车床主轴和刀架滑动部分的间隙。

图 5.21 切断

(4) 切断时还应充分使用切削液,使排屑顺利。

(5) 快切断时还必须放慢进给速度。

4. 车外沟槽的方法。

(1) 车削宽度不大的沟槽,可用刀头宽度等于槽宽的切槽刀一刀车出。

(2) 在车削较宽的沟槽时,应先用外圆车刀的刀尖在工件上刻两条线,把沟槽的宽度和位置确定下来,然后用切槽刀在两条线之间进行粗车,但这时必须在槽的两侧面和槽的底部留下精车余量,最后根据槽宽和槽底进行精车。

5.3.2.4 钻孔和镗孔

在车床上加工圆柱孔时,可以用钻头、扩孔钻、铰刀和镗刀进行钻孔、扩孔、铰孔和镗孔工作。

1. 钻孔、扩孔和铰孔

在实体材料上加工出孔的工作叫作钻孔,在车床上钻孔,如图 5.22 所示,把工件装夹在卡盘上,钻头安装在尾架套筒锥孔内,钻孔前先车平端面,并定出一个中心凹坑,调整好尾架位置并紧固于床身上,然后开动车床,摇动尾架手柄使钻头慢慢进给,注意经常退出钻头,排出切屑。钻钢料要不断注入切削液。钻孔进给不能过猛,以免折断钻头,一般钻头越小,进给量也越小,但切削速度可加大。钻大孔时,进给量可大些,但切削速度应放慢。当孔将钻穿时,因横刃不参加切削,应减小进给量,否则容易损坏钻头。孔钻通后应把钻头退出后再停车。钻孔的精度较低、表面粗糙,多用于对孔的粗加工。

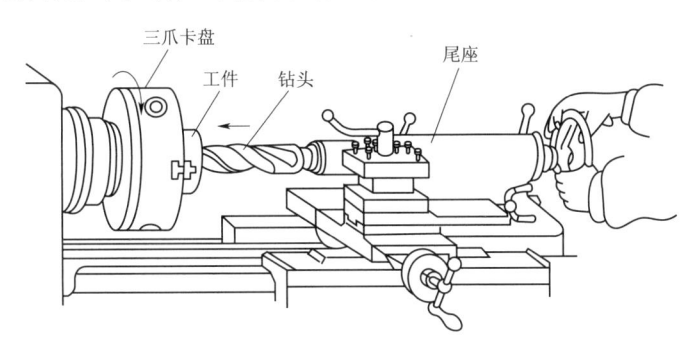

图 5.22 在车床上钻孔步骤

扩孔常用于铰孔前或磨孔前的预加工,常使用扩孔钻作为钻孔后的预精加工。

为了提高孔的精度和降低表面粗糙度,常用铰刀对钻孔或扩孔后的工件再进行精加工。

在车床上加工直径较小,而精度要求较高和表面粗糙度要求较细的孔,通常采用钻、扩、铰的加工工艺来进行。

2. 镗孔

镗孔是对钻出、铸出或锻出的孔的进一步加工,如图 5.23 所示,以达到图样上精度等技术要求。在车床上镗孔要比车外圆困难,因镗杆直径比外圆车刀细得多,而且伸出很长,因此往往因刀杆刚性不足而引起振动,所以切深和进给量都要比车外圆时小些,切削速度也要小 10%~20%。镗不通孔时,由于排屑困难,所以进给量应更小些。

(a) 镗通孔　　(b) 镗不通孔　　(c) 切内槽

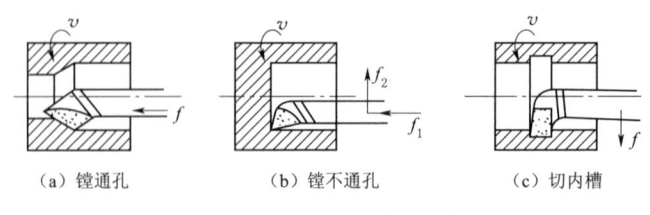

图 5.23　镗孔

镗孔刀尽可能选择粗壮的刀杆，刀杆装在刀架上时伸出的长度只要略等于孔的深度即可，这样可减少因刀杆太细而引起的振动。装刀时，刀杆中心线必须与进给方向平行，刀尖应对准中心，精镗或镗小孔时可略微装高一些。

粗镗和精镗时，应采用试切法调整切深。为了防止因刀杆细长而让刀所造成的锥度。当孔径接近最后尺寸时，应用很小的切深重复镗削几次，消除锥度。另外，在镗孔时一定要注意，手柄转动方向与车外圆时相反。

5.3.2.5　车圆锥面

圆锥面具有配合紧密、定位准确、装卸方便等优点，并且即使发生磨损，仍能保持精密的定心和配合作用，因此圆锥面应用广泛。

圆锥分为外圆锥（圆锥体）和内圆锥（圆锥孔）两种。

圆锥体大端直径

$$D = d + 2l\tan a \tag{5.1}$$

圆锥体小端直径

$$d = D - 2l\tan a \tag{5.2}$$

式中　D——圆锥体大端直径，mm；
　　　d——圆锥体小端直径，mm；
　　　l——锥体部分长度，mm；
　　　a——斜角，(°)。

锥度

$$C = \frac{D-d}{l} = 2\tan a \tag{5.3}$$

斜度

$$M = \frac{D-d}{2l} = \tan a = \frac{C}{2} \tag{5.4}$$

式中　C——锥度，(°)；
　　　M——斜度，(°)。

圆锥面的车削方法有很多种，如转动小刀架车圆锥如图 5.24 所示、偏移尾架法如图 5.25 所示、利用靠模法和样板刀法等，现仅介绍转动小刀架车圆锥。

车削长度较短和锥度较大的圆锥体和圆锥孔时常采用转动小刀架，这种方法操作简单，能保证一定的加工精度，所以应用广泛。车床上小刀架转动的角度就是斜角 a。将小拖板转盘上的螺母松开，与基准零线对齐，然后固定转盘上的螺母，摇动小刀架手柄开始车削，使车刀沿着锥面母线移动，即可车出所需要的圆锥面。这种方法的优点是能车出整锥体和圆锥孔，能车角度很大的工件，但只能用手动进刀，劳动强度较大，表面粗糙度也难以控制，且由于受小刀架行程限制，因此只能加工锥面不长的工件。

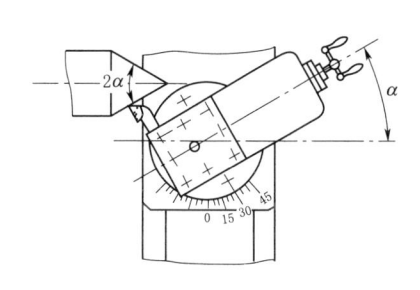

图 5.24 转动小刀架车圆锥

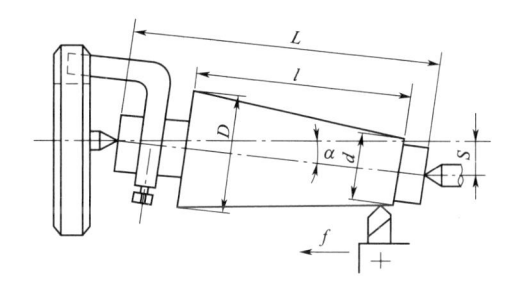

图 5.25 偏移尾座车锥面

5.3.2.6 车削螺纹

螺纹的种类按牙型可分为三角螺纹、梯形螺纹、矩形螺纹等，其中三角螺纹的应用最为广泛。

1. 普通三角螺纹的基本牙型

普通三角螺纹的基本牙型如图 5.26 所示，各基本尺寸的名称如下。

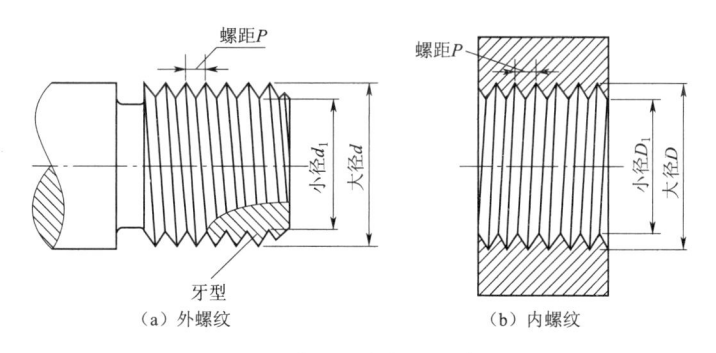

图 5.26 普通三角螺纹基本牙型

决定螺纹的基本要素有三个：

螺距 P：螺纹轴向剖面内螺纹两侧面的夹角（表 5.1）。

牙型角 α：螺纹轴向截面内，螺纹牙型两侧边的夹角。

螺纹中径 $D_2(d_2)$：是平螺纹理论高度 H 的一个假想圆柱体的直径。在中径处的螺纹牙厚和槽宽相等。只有内外螺纹中径都一致时，两者才能很好地配合。

表 5.1　　　　　　　　　普通米制螺纹螺距表　　　　　　　　单位：mm

螺距	1.0	1.5	2	2.5	3	3.4	4
牙深（半径量）	0.649	0.974	1.299	1.624	1.949	2.273	2.598

2. 三角形螺纹的车削

（1）螺纹车刀的角度和安装。螺纹车刀的刀尖角直接决定螺纹的牙型角（螺纹一个牙两侧之间的夹角），对公制螺纹其牙型角为 60°，它对保证螺纹精度有很大的关系。螺纹车刀的前角对牙型角影响较大（图 5.27），如果车刀的前角大于或小于零度时，所车出螺纹牙型角会大于车刀的刀尖角，前角越大，牙型角的误差也就越大。精度要求较高的螺纹，常取前角为零度。粗车螺纹时为改善切削条件，可取正前角的螺纹车刀。

安装螺纹车刀时，应使刀尖与工件轴线等高，否则会影响螺纹的截面形状，并且刀尖的平分线要与工件轴线垂直。如果车刀装得左右歪斜，车出来的牙形就会偏左或偏右。为了使车刀安装正确，可采用样板对刀，如图 5.28 所示。

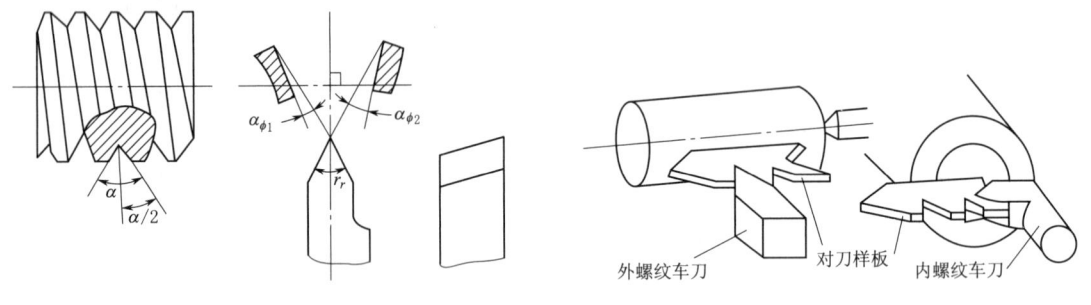

图 5.27 三角螺纹车刀

图 5.28 用对刀样板对刀

（2）螺纹的车削方法。车螺纹前要做好准备工作，首先把工件的螺纹外圆直径按要求车好（比规定要求应小 0.1~0.2mm），其次在螺纹的长度上车一条标记，作为退刀标记，再次将端面处倒角，装夹好螺纹车刀。最后调整好车床，为了在车床上车出螺纹，必须使车刀在主轴每转一周得到一个等于螺距大小的纵向移动量，因此刀架是用开合螺母通过丝杠来带动的，只要选用不同的配换齿轮或改变进给箱手柄位置，即可改变丝杠的转速，从而车出不同螺距的螺纹。一般车床都有完善的进给箱和挂轮箱，车削标准螺纹时，可以从车床的螺距指示牌中，找出进给箱各操纵手柄应放的位置进行调整。车床调整好后，选择较低的主轴转速，开动车床，合上开合螺母，开正反车数次后，检查丝杠与开合螺母的工作状态是否正常，为使刀具移动较平稳，需消除车床各拖板间隙及丝杠螺母的间隙。车外螺纹操作步骤如图 5.29 所示。

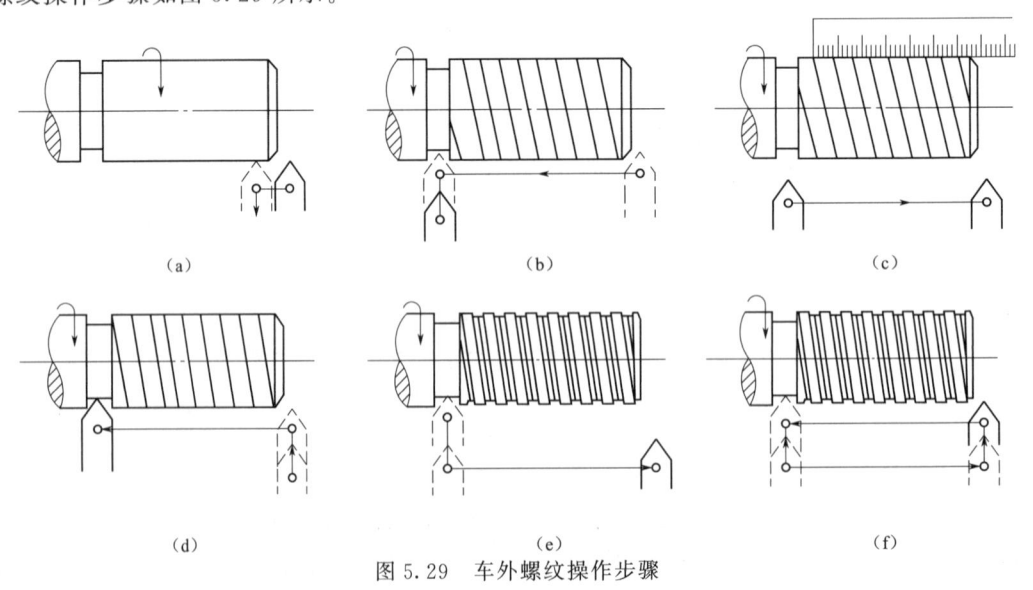

图 5.29 车外螺纹操作步骤

1）开车，使车刀与工件轻微接触，记下刻度盘读数，向右退出车刀，如图 5.29（a）所示。

2）合上开合螺母，在工件表面工车出一条螺旋线，横向退出车刀，停车，如图 5.29（b）所示。

3）开反车使车刀退到工件右端，停车，用钢直尺检查螺距是否正确，如图 5.29（c）所示。

4）利用刻度盘调整切削深度，开车切削。螺纹的切削深度 a_p 与螺距的关系：按经验公式 $a_p \approx 0.65P$，每次的背吃刀量约 0.1mm，如图 5.29（d）所示。

5）车刀将至行程终了时，应做好退刀停车准备，先快速退出车刀，开反车退回刀架，如图 5.29（e）所示。

6）再次横向切入，继续切削，其切削过程的路线，如图 5.29（f）所示。

在车削时，有时出现乱扣。所谓乱扣就是在第二刀时不是在第一刀的螺纹槽内。为了避免乱扣，可以采用以下方法：①采用倒顺车（正反）车削法。即当车刀沿螺旋线走完第一刀后，开合螺纹不要提起来，而是让主轴反转，其后会看到车刀会反方向退回；②始终保持主轴至刀架的传动系统不变，如中途需拆下刀具刃磨，磨好后应重新对刀。对刀必须在合上开合螺母使刀架移到工件的中间停车进行。此时移动刀架使车刀切削刃与螺纹槽相吻合且工件与主轴的相对位置不能改变。

(3) 螺纹车削注意事项：

1) 注意和消除拖板的"空行程"；
2) 预防乱牙的方法是采用倒顺车（正反）车削法；
3) 车螺纹前先检查所有手柄是否处于车螺纹位置，防止盲目开车；
4) 车螺纹时要思想集中，动作迅速，反应灵敏；
5) 用高速钢车刀车螺纹时，工件转速不能太快，以免刀具磨损；
6) 要防止车刀或者是刀架、拖板与卡盘、床尾相撞。

5.3.2.7 滚花

车床滚花是一种机械加工工艺，用于在圆柱形或圆锥形工件表面上形成一系列连续的、规则的凸起或凹陷花纹。这些花纹通常是菱形、直线或交叉形状，主要用于增加工件表面的摩擦力，以便于抓握或装配。滚花广泛应用于工具手柄、螺钉、旋钮等零件的制造，如图 5.30 所示。花纹有直纹和网纹两种，滚花刀相应有直纹滚花刀和网纹滚花刀两种。

滚花时，先将工件直径车到比需要的尺寸略小 0.5mm 左右，表面粗糙度较粗。车床转速要低一些（一般为 200~300r/min）。然后将滚花刀装在刀架上，使滚花刀轮的表面与工件表面平行接触，滚花刀对着工件轴线开动车床，使工件转动。当滚花刀刚接触工件时，要用较大较猛的压力，使工件表面刻出较深的花纹，如压力过小则会把花纹滚乱。这样来回滚压几

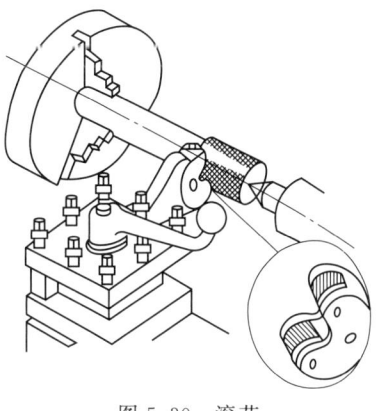

图 5.30 滚花

次，直到花纹滚凸出为止。在滚花过程中，应经常清除滚花刀上的铁屑，以保证滚花质量。此外由于滚花时压力大，所以工件和滚花刀必须装夹牢固，工件不可以伸出太长，如果工件太长，就要用后顶尖顶紧。

5.2.3 典型零件车削工艺实例

1. 目的要求

使学生掌握普通车床基本操作并独立完成零件加工。通过制作榔头柄，练习机床操作、三爪卡盘零件装夹、刀具安装、车削、测量等基本操作。

2. 工具准备

(1) CA6140 普通车床，60°外圆车刀、4mm 切槽刀、滚花刀、板牙各 1 把。

(2) 榔头柄棒料一根 $\phi20\times212$mm，45 号钢。

(3) 榔头柄零件图（图 5.31）。

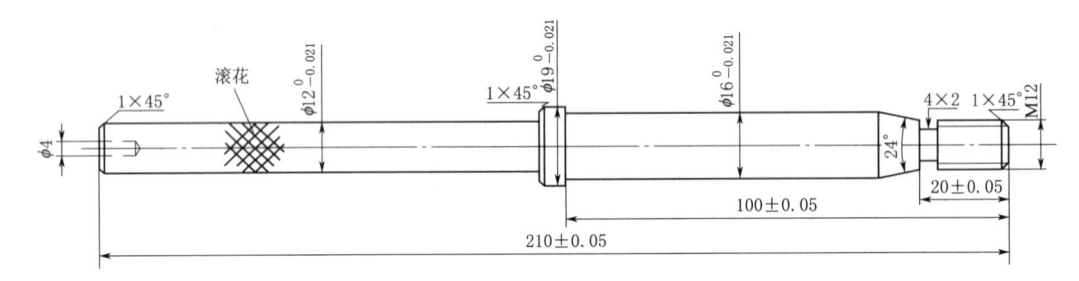

图 5.31 车床加工零件图

注：表面粗糙度 3.2，去毛刺，未注倒角 0.5mm。

3. 教学内容

(1) 介绍普通车床的组成结构，基本操作方法。

(2) 介绍三种刀具的材料、结构、使用方法。

(3) 介绍手锤柄加工制作的主要工艺过程：

1) 车 $\phi19$mm、$\phi16$mm、$\phi11.8$mm（M12）至尺寸，同时保证长度尺寸 100mm 和 20mm，保持表面粗糙度符合要求。

2) 切 4×2 退刀槽，倒角 $1\times45°$，板牙套 M12 螺纹符合要求。

3) 加工锥度 24°。

4) 掉头装夹，车 $\phi12$mm 至尺寸，钻孔 $\phi4$mm，保持表面粗糙度符合要求。

5) 倒角 $1\times45°$，滚花，去毛刺。

4. 教学流程

教学流程见表 5.2。

表 5.2　　　　　　　　教 学 流 程

序号	教 学 内 容	教学时长/h（共计 20h）
1	车工安全教育	1
2	錾口手锤柄图纸及工艺讲解	1
3	普通车床结构介绍	1

续表

序号	教学内容	教学时长/h（共计20h）
4	普通车床操作示范	1
5	分配工位，分发工量具，实操训练	14
6	清扫场地，保养车床，整理工量刃具，做好实习记录	2

5.4 数 控 车 床

5.4.1 概述

数控车床是基于计算机数控技术，通过预编程的数控程序自动控制机床执行加工任务。数控系统是其核心，包括数控装置、伺服驱动系统和位置反馈系统。数控程序由 G 代码和 M 代码组成，定义加工路径、切削速度、进给速度等参数。在加工前，工件需装夹在卡盘上，刀具安装并校准位置。启动数控程序后，数控装置根据指令控制各轴运动和主轴转速，刀具按预定路径切削工件。实时监控确保加工精度，加工完成后进行质量检查、清理机床并存储程序。数控车床适用于高精度、复杂形状工件的加工。目前，常用的数控车床主要分为普通卧式数控车床、立式数控车床和车铣复合机床等几种。

5.4.2 组成

数控车床主要由数控程序及程序载体、输入装置、数控装置（CNC）、伺服驱动及位置检测、辅助控制装置、机床本体等几部分组成，如图 5.32～图 5.34 所示。

5.4.3 特点

（1）自动化程度高。
（2）具有加工复杂形状能力。
（3）加工适应性强。
（4）加工精度高，质量稳定。
（5）生产效率高。
（6）有利于生产管理的现代化。

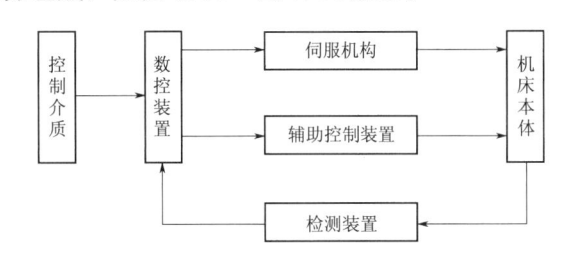

图 5.32 数控车床的组成

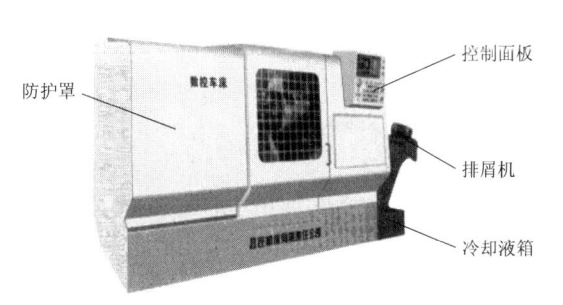

图 5.33 车床外观主要部件

图 5.34 车床内部主要部件

（7）要求操作者技术水平高，数控车床价格高，加工成本高，技术复杂，对加工编程要求高，加工中难以调整，维修困难等。

5.4.4 主要功能

数控装置的功能通常包括基本功能和选择功能。基本功能是数控系统的必备功能，选择功能是供用户根据机床特点和用途进行选择的功能。CNC装置的功能主要反映在准备功能G指令代码和辅助功能指令代码上，现以FANUC数控系统为例，简述其部分功能。

1. 基本功能

插补功能。直线插补：实现工具沿直线轨迹运动。

圆弧插补。实现工具沿圆弧轨迹运动。

螺旋线插补。实现工具沿螺旋线轨迹运动，常用于加工螺纹。

刀具补偿功能。刀具长度补偿：补偿刀具长度误差，确保加工精度。刀具半径补偿：补偿刀具半径误差，适应不同刀具的切削条件。

程序控制功能。程序段跳转：根据条件跳转到指定程序段，适应复杂加工。子程序调用：实现程序的模块化和重用，提高编程效率。固定循环和宏程序：提供常用加工循环（如钻孔、攻丝、切槽等）的固定循环，简化编程。支持宏程序，允许用户定义复杂的加工逻辑和参数化编程。

2. 辅助功能

自动换刀功能：自动进行刀具更换，提高加工效率，常见于带刀塔或刀库的数控车床。

对刀功能：通过对刀仪或自动对刀装置实现精确对刀，确保加工精度。

自动测量功能：通过安装在机床上的测量探头进行工件尺寸的自动测量和检测。

图形显示和仿真功能：显示加工轨迹和工件图形，进行加工路径的仿真，避免编程错误和碰撞。

3. 控制功能

速度控制功能：控制主轴转速、进给速度，实现恒线速切削和变速加工。

位置控制功能：实现高精度的位置控制，确保加工尺寸和形状精度。

多轴联动功能：支持多轴同时联动，适应复杂零件的加工。

伺服控制功能：通过伺服电机实现精确的位移控制，提高加工精度和速度。

4. 安全和保护功能

过载保护：检测电机和刀具的过载情况，防止损坏设备和工件。

限位保护：设置机床运动的软硬限位，防止超程。

急停功能：在紧急情况下立即停止机床运行，保障操作人员和设备安全。

报警功能：检测故障并发出报警提示，方便故障诊断和处理。

5. 通信和联网功能

DNC（直接数控）功能：通过网络或串口直接从计算机读取加工程序，实现远程控制和管理。实现数控机床与上位机或其他设备的联网，提高信息化水平。

6. 数据传输和备份功能

实现加工程序、参数和数据的传输和备份，保障数据安全。

7. 智能化功能

自诊断功能：自动检测数控系统和机床的状态，提示维护和保养。

智能加工功能：根据工件材料和刀具状态自动调整加工参数，优化加工过程。

远程监控和维护功能：通过网络实现对数控机床的远程监控和维护，提高服务效率。

这些功能共同构成了数控车床系统的主要功能，确保机床在各种加工条件下能够高效、精确、安全地运行。

5.4.5 编程基础

1. 数控车床的坐标系

建立数控车床的标准坐标系，其关键就是为了确定数控车床坐标系的零点（坐标原点）。

通常车床的机床零点多在主轴法兰盘接触面的中心——即主轴前端面的中心上。机床主轴即为Z轴，主轴法兰盘的径向水平面则为X轴。$+X$轴和$+Z$轴的方向指向加工空间，如图5.35所示。

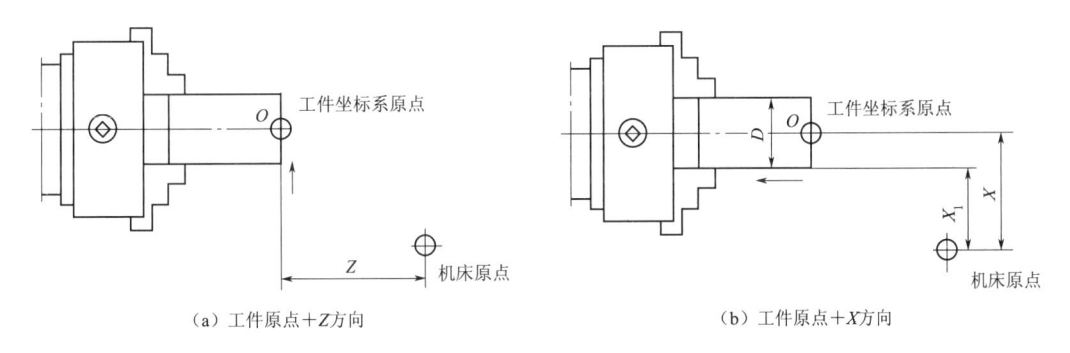

（a）工件原点$+Z$方向　　（b）工件原点$+X$方向

图5.35　数控车床原点坐标

2. 数控加工的程序结构

数控机床的所谓数控，就是以编制好的数字程序为指令，指挥数控机床进行指令所允许的运动。这样自然就需要程序，而每个程序则是以程序段格式出现。程序段是可作为一个单位来处理的连续的字组，它实际上是数控加工程序中的一段程序。零件加工程序的主体由若干个程序段组成，多数程序段是用来指令机床完成或执行某一动作。程序段则由尺寸字、非尺寸字和程序段结束指令构成。在书写和打印时，每个程序段一般占据一行，在屏幕显示程序时也是如此。

在数控机床的编程说明书中，用详细格式来分类规定程序编制的细节。譬如，程序编制所用的字符、程序段中程序字的顺序及字长等。

N10S800M03 F100；

N20T01；

N30G02X100Z-5R5。

上例详细格式分类说明如下。

N10为程序段序号；

G03表示加工的轨迹为顺时针圆弧；

X100、Z-5表示所加工圆弧的终点坐标；

R5表示所加工圆弧半径；

F100 为加工进给速度；

S800 为主轴转速；

T01 为所使用刀具的刀号；

M03 为辅助功能指令。

5.4.6 数控加工指令

本节内容以 FANUC 0i Mate 系统为例，常用的 GM 指令代码按不同功能可划分为准备功能 G 指令代码、辅助功能 M 指令代码和 F、S、T 指令 3 大类。

1. F、S 和 T 指令

F 是控制刀具位移速度的进给率指令，为模态指令，但快速定位 G00 的速度不受其控制。在车削加工中，F 的单位一般为 mm/r（每转进给量）。

注：模态指令是一组可相互注销的指令，一旦被执行则一直有效，直至被同一组的其他指令注销为止；非模态指令只在所在的程序段中有效，程序段结束时被注销。

S 功能用以指定主轴转速，单位为 r/min，S 是模态指令，但 S 功能只有在主轴速度可调节时才有效。

T 是刀具功能指令，后跟 4 位数字。例如 T0101，前两位指示更换刀具的编号 01，后两位为刀补号 01。T 指令为非模态指令，如在数控车床执行 T0101 指令，刀架自动换 01 号刀具，调用 01 刀补号。

2. 辅助功能 M 代码

辅助功能 M 指令代码，由地址字 M 后跟 1～2 位数字组成，即 M00～M99，主要用来设置数控车床电控装置单纯的开/关动作，以及控制加工程序的执行走向。各 M 代码的功能见表 5.3。

表 5.3　　　　　　　　　　M 指令代码及其功能

M 指令代码	功　能	M 指令代码	功　能
M00	程序停止	M08	切削液开启
M01	程序选择性停止	M09	切削液关闭
M02	程序结束	M30	程序结束，返回开头
M03	主轴正转	M98	调用子程序
M04	主轴反转	M99	子程序结束，返回主程序
M05	主轴停止		

（1）暂停代码 M00。当 CNC 执行到 M00 代码时，将暂停执行当前的程序，以方便操作者进行刀具的更换、工件的尺寸测量、工件调装头或手动变速等操作。暂停时机床的主轴进给及切削液停止，而全部现存的模态信息保持不变。若继续执行后续程序，只需要重新按下操作面板上的【启动】按钮即可。

（2）程序结束代 M02。M02 用于主程序的最后一个程序段中，表示程序结束。当 CNC 执行到 M02 代码时，机床的主轴、进给及切削液全部停止。使用 M02 的程序结束后，若要重新执行就必须重新调用该程序。

（3）程序结束并返回到零件程序头代码 M30。M30 和 M02 功能基本相同，只是 M30

代码还具有控制返回零件程序头的功能。使用 M30 的程序结束后，若要重新执行该程序，只需再次按操作面板上的【启动】按钮即可。

（4）子程序调用及返回代码 M98、M99。M98 用来调用子程序；M99 用来结束子程序，执行 M99 使控制返回到主程序。

在子程序开头必须用规定的子程序号，以作为调用入口地址。在子程序的结尾用 M99，以控制执行完该子程序后返回主程序。

（5）主轴控制代码 M03、M04 和 M05。M03 主轴起动，并以顺时针方向旋转；M04 主轴起动，并以逆时针方向旋转；M05 主轴停止旋转。

（6）切削液开停代码 M08 和 M09。M08 代码打开切削液管道；M09 代码关闭切削液管道。其中 M09 为默认功能。

3. 准备功能 G 指令代码

准备功能 G 指令代码是建立坐标平面、坐标系偏置、刀具与工件相对运动轨迹（插补功能）以及刀具补偿等多种加工操作方式的代码，其范围为 G00～G99。G 代码的功能见表 5.4。

表 5.4　　　　　　　　常用 G 指令代码及其功能

G 指令代码	功　能	G 指令代码	功　能
G00	快速定位	G70	精加工循环
G01	直线插补	G71	外径、内径粗车复合循环
G02	顺（时针）圆弧插补	G72	端面粗车复合循环
G03	逆（时针）圆弧插补	G73	固定形状粗加工复合循环
G04	暂停	G74	排屑钻端面孔
G18	$Z-X$ 平面设置	G75	内径/外径钻孔循环
G20	英制单位输入	G76	多头螺纹切削复合循环
G21	公制单位输入	G90	单一形状固定循环
G32	螺纹切削	G92	螺纹切削循环
G34	变螺距螺纹切削	G94	端面切削循环
G40	刀具圆弧半径补偿取消	G96	恒表面切削速度控制有效
G41	刀尖圆弧半径左补偿	G97	恒表面切削速度取消
G42	刀尖圆弧半径右补偿	G98	每分进给设定
G50	最大主轴速度设定	G99	每转进给设定

下面简单介绍表 5.4 中常用的 G 指令代码。

（1）单位设置指令。

1）G20、G21：G20 是英制输入制 Inch；G21 是公制输入制 mm。

2）G98、G99：G98 是进给 F 单位为 mm/min；G99 是进给 F 单位为 mm/r。

（2）快速进给控制指令代码。

指令格式：G00 X（U）＿ Z（W）＿。

其中 X（U）、Z（W）是快速定位终点，用 X、Z 时为终点在工件坐标系中的坐标，

用 U、W 时为终点相对于起点的位移量。

(3) 直线插补指令 G01。G01 直线插补指令表示它指定刀具从当前位置,以两轴或三轴联动方式向给定目标按 F 指定进给速度运动,加工出任意斜率的平面(或空间)直线。

指令格式：G01X（U）_Z（W）_F_。

G01 是模态指令,可以 G00、G02、G03 功能注销。

(4) 圆弧插补指令 G02、G03。G02、G03 按指定进给速度进行圆弧切削,G02 为顺时针圆弧插补,G03 为逆时针圆弧插补。

顺时针、逆时针是指从第三轴正向朝零点或朝负方向看,如在立式加工中心(XY 平面)中,从 Z 轴正向向原点观察,顺时针转为顺圆,反之为逆圆,如图 5.36 所示。

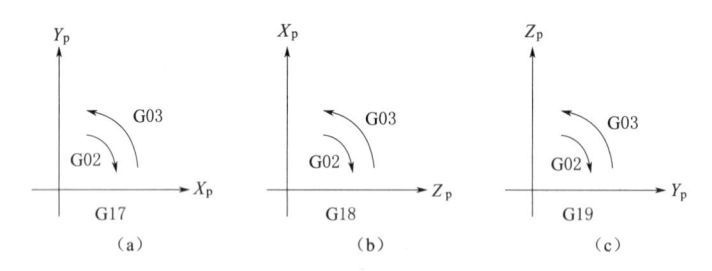

图 5.36 圆弧插补方向

指令格式(数控车床)如下：

G02/G03$X(U)$_$Z(W)$_R_F_。

其中：$X(U)$、$Z(W)$ 为 X 轴、Z 轴的终点坐标;R 为圆弧半径;终点坐标可以用绝对坐标 X、Z 或增量坐标 U、W 表示。

(5) 暂停指令 G04。

指令格式：G04P（X 或 U）_。

其中：P（X 或 U）为暂停时间,P 单位为 ms,X 或 U 单位为 s;G04 为在前一程序段的进给速度降到零之后才开始暂停动作。在执行含有 G04 指令的程序段时,先执行暂停功能。G04 为非模态指令,仅在其规定的程序段中有效。

在零件的加工程序中,G04 可使刀具作短暂的停留,以获得圆整而光滑的表面。

(6) 刀尖半径补偿指令 G40、G41、G42。

指令格式

$$G00/G01 \begin{Bmatrix} G41 \\ G42 \end{Bmatrix} X\_Z\_$$

$$G01G40X\_Z\_$$

说明：系统对刀具的补偿或取消都是通过拖板的移动来实现的。

数控程序一般是针对刀具上的某一点即刀位点,按工件轮廓尺寸编制的,如图 5.37 所示。车刀的刀位点一般为理想状态下的假想刀尖 A 点或刀尖圆弧圆心 O 点。但实际加工中的车刀,由于工艺或其他要求,刀尖往往不是一理想点,而是一段圆弧。当切削加工时刀具切削点在刀尖圆弧上变动;造成实际切削点与刀位点之间的位置有偏差,故造成过切或少切。这种由于刀尖不是一理想点而是一段圆弧，造成的加工误差，可用刀尖圆弧半径补偿功能来消除。

刀尖圆弧半径补偿是通过 G41、G42、G40 代码及 T 代码指定的刀尖圆弧半径补偿号，加入或取消半径补偿。

G40 表示：取消刀尖半径补偿。

G41 表示：左刀补（在刀具前进方向左侧补偿），如图 5.38 所示。

G42 表示：右刀补（在刀具前进方向右侧补偿），如图 5.38 所示。

1) G41/G42 不带参数，其补偿号（代表所用刀具对应的刀尖半径补偿值）由 T 代码指定。其刀尖圆弧补偿号与刀具偏置补偿号对应。

2) 刀尖半径补偿的建立与取消只能用 G00 或 G01 指令，不能用 G02 或 G03。

（7）多重循环指令（G70～G76）。

1) 内/外径粗车循环（G71）、端面粗车循环（G72）、轮廓粗车循环（G73）。

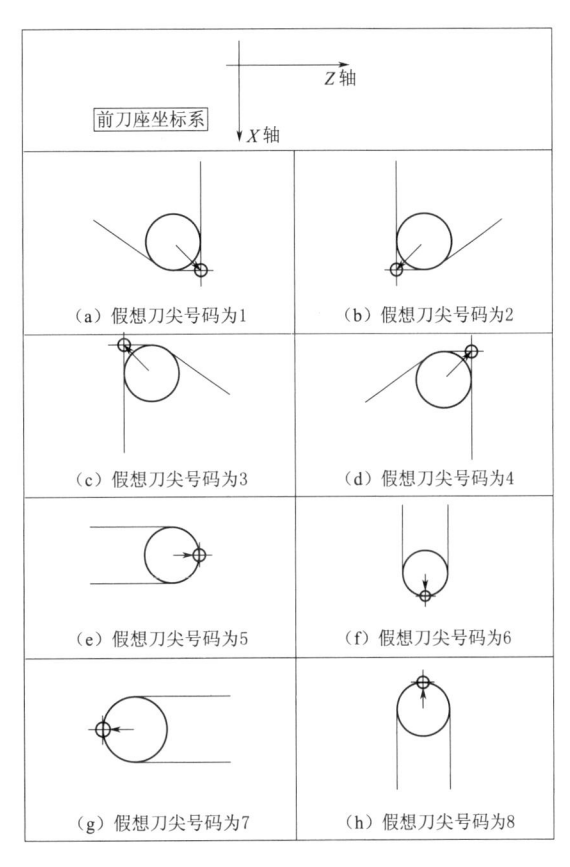

图 5.37 刀尖半径补偿刀位点示意图

2) 内/外径精车循环（G70）、端面精车循环（G70）、轮廓精车循环（G70）。

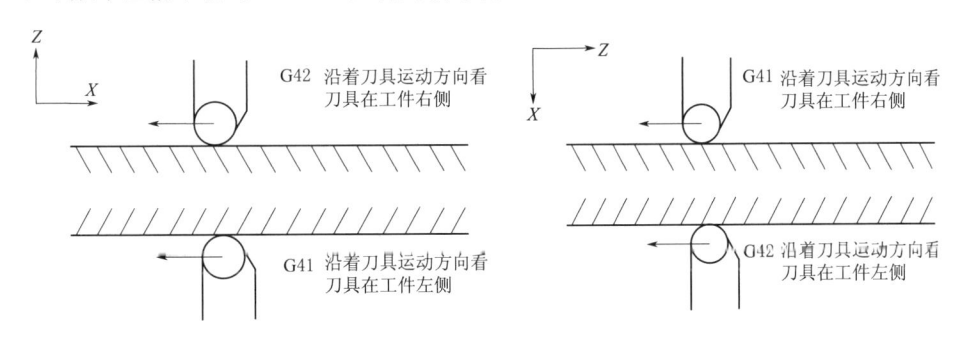

图 5.38 左右刀补方向示意图

注：G40、G41、G42 都是模态代码，可相互注销。

a. 内/外径粗车循环指令 G71。

指令格式：

G71U(Δd)R(e);
G71PnsQnfUΔuWΔwF_S_T_;

其中：Δd 为粗车时每次吃刀深度，e 为表示退刀量，如图 5.39 所示。ns 为精加工程序段中的第一个程序段序号；nf 为精加工程序段中的最后一个程序段序号；Δu 为 X 轴方向精加工余量（0.2～0.5）；Δw 为 Z 轴方向的精加工余量（0.5～1）；F、S、T 分别是进给量、主轴转速、刀具号地址符。粗加工时 G71 中编程的 F、S、T 有效，而精加工时处于 ns 到 nf 程序段之间的 F、S、T 有效。

注：ns 的程序段必须为 G00/G01 指令；在顺序号 ns 到顺序号 nf 的程序段中，不应包含子程序。

b. 端面粗车循环指令 G72。

指令格式：

G72W(Δd)R(e)；
G72P(ns)Q(nf)U(Δu)W(Δw)F(f)；

其中：Δd 等意义与它们在 G71 中的意义相同，如图 5.39 所示。

c. 轮廓粗车循环指令 G73。

指令格式：

G73U(i)W(k)R(d)；
G73P(ns)Q(nf)U(Δu)W(Δw)F_S_T_

其中：i 为 X 方向总退刀量（$i \geqslant$ 毛坯 X 向最大加工余量）；k 为 Z 方向总退刀量（可与 i 相等）；d 为粗切次数 [$d = i/(1～2.5)$]；ns 等意义与它们在 G71 中的意义相同，如图 5.40 所示。

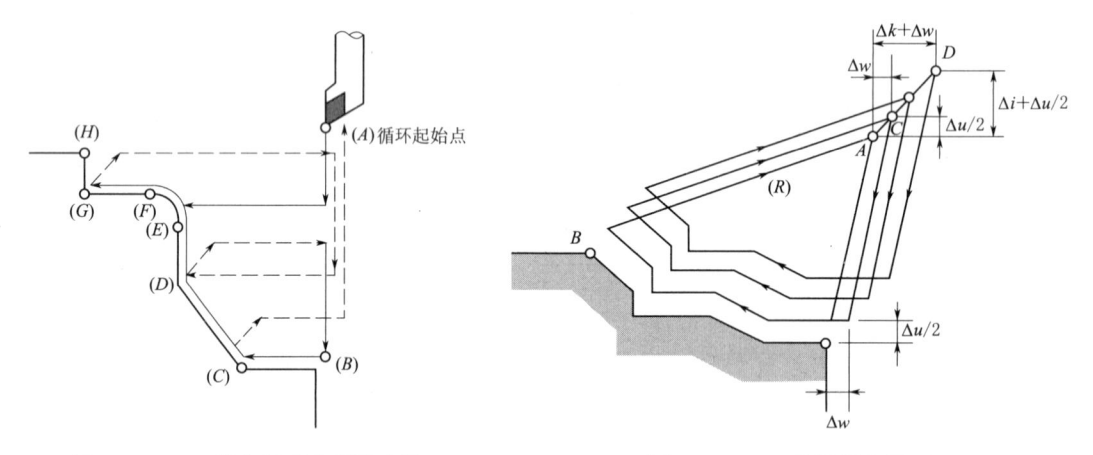

图 5.39　G71 指令循环车削示意图　　　图 5.40　G73 轮廓粗车循环

注：该指令能对铸造、锻造等粗加工已初步形成的工件，进行高效率切削。

图中 AB 是粗加工后的轮廓，为精加工留下 X 方向余量 Δu、Z 方向余量 Δw，$A'B'$ 是精加工轨迹（C 为粗加工切入点）。

d. 精加工循环指令 G70。

指令格式：G70PnsQnf。

其中：ns 为精加工形状程序段中的开始程序段号；nf 为精加工形状程序段中的结束

程序段号。

G70 指令在粗加工完后使用，即 G70 是在执行 G71、G72、G73 粗加工循环指令后的精加工循环，在 G70 指令程序段内要指令精加工程序第一个程序号和精加工最后一个程序段号。

（8）固定循环指令：G90（略）、G92、G94（略）。

简单螺纹循环指令格式。

G92 X（U）_ Z（W）_ I _ F _（螺距值）。

图 5.41（a）所示为圆柱螺纹循环，图 5.41（b）所示为圆锥螺纹循环。刀具从循环点开始，按 A、B、C、D 进行自动循环，最后又回到循环起点 A。图中虚线表示按 R 快速移动，实线表示按 F 指定的工作进给速度移动。X、Z 为螺纹终点（C 点）的坐标值；U、W 为螺纹终点坐标相对于螺纹起点的增量坐标，I 为锥螺纹起点和终点的半径差。加工圆柱螺纹时 I 为零，可省略。

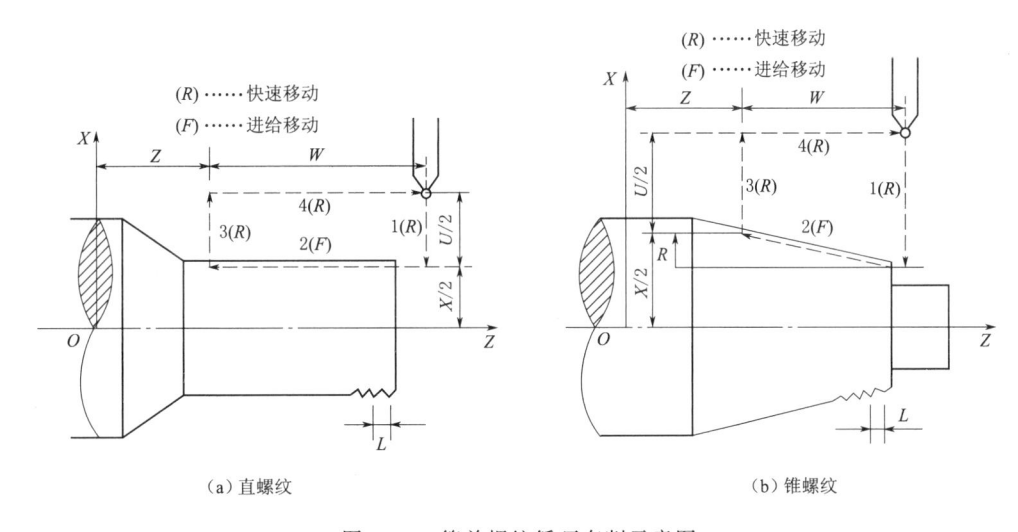

（a）直螺纹　　　　　　　　　　　　　（b）锥螺纹

图 5.41　简单螺纹循环车削示意图

5.4.7　刀具

1. 数控车刀种类

车刀是数控车床常用的一种单刃刀具，其种类很多，按用途可分为外圆车刀、端面车刀、镗刀、切断刀等，数控车床常用的是机夹车刀，也称机夹可转位式刀具，特别适用于自动生产线和数控车床。机夹式车刀避免了刀片因焊接产生的应力、变形等缺陷，刀杆利用率高，如图 5.42 所示。

2. 数控车削要点

（1）粗车时选择强度高、韧性好、耐用度高的刀具，满足粗车大背吃刀量、大进给量的要求。

图 5.42　机夹式车刀

（2）精车时选择精度高、硬度高、耐用度高的刀具，以保证加工精度的要求。

（3）为减少换刀时间及方便对刀，应尽量采用机夹刀具。

3. 数控车刀型号

数控车刀型号的分类和命名通常是根据国际标准来进行的，以下是数控车刀型号举例和其含义。

（1）刀片型号：CNMG120408。

C：刀片形状代码，C 表示 80 度菱形；

N：刀片的偏斜角，N 表示 0 度；

M：刀片的公差等级，M 表示中等精度；

G：刀片刃口类型，G 表示双面精加工；

12：刀片的边长（12mm）；

04：刀片的厚度（4mm）；

08：刀尖半径（0.8mm）。

（2）刀杆型号：SCLCR2525M12。

S：刀杆类型，S 表示方形刀杆；

C：刀片的夹持方式，C 表示夹持式；

L：刀片的几何形状，L 表示 85 度外圆刀；

C：刀片的类型，C 表示 80 度菱形；

R：右手刀；

2525：刀杆的尺寸，表示 25mm×25mm；

M：刀具的长度或其他特性；

12：适配刀片的最大刀尖圆角半径（12mm）。

5.4.8 基本操作

本节内容以 FANUC 0i MateTD 系统为例进行讲述。

1. 数控车床操作面板

数控车床的操作面板（图 5.43）由机床控制面板和数控系统操作面板两部分组成，下面分别作介绍。

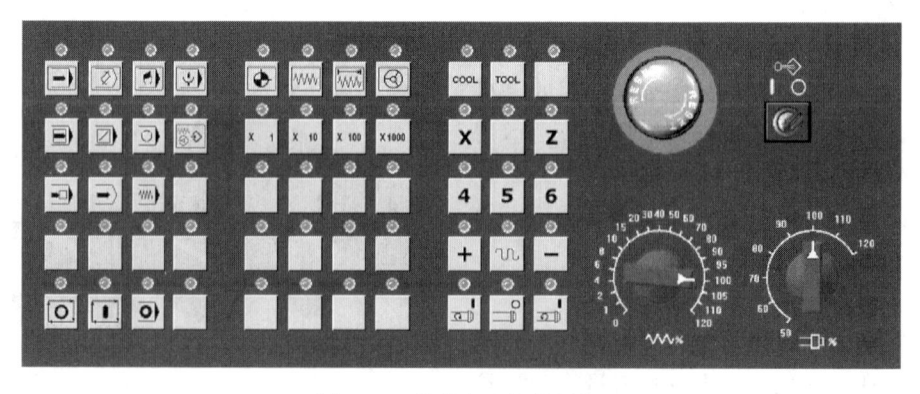

图 5.43 数控车床操作面板

（1）机床控制面板。机床控制面板上的各种功能键（表5.5）可执行简单的操作，直接控制机床的动作及加工过程。

表5.5　　　　　　　　　　　　　机床控制面板功能键

按　钮	名　称	功能说明
	编辑	旋钮打至该位置后，系统进入程序编辑状态
	自动	旋钮打至该位置后，系统进入自动加工模式
	MDI	旋钮打至该位置后，系统进入MDI模式，手动输入和编辑程序
	手动（JOG）	旋钮打至该位置后，机床处于手动连续移动模式
	手轮	旋钮打至该位置后，机床处于手轮控制模式
	回零	旋钮打至该位置后，机床处于回零模式
	DNC	旋钮打至该位置后，将数控系统与电脑相连，输入输出资料
	增量	旋钮打至该位置后，按手动脉冲方式进给
	单段执行（SINGLE）	运行程序是单段运行，每次执行一条数控指令
	程序编辑开关	置于"ON"位置，可以编辑程序
	主轴转速调节	调节主轴转速，调节范围为50%～120%
	进给速度调节旋钮	调节进给速度，调节范围为0～120%
	急停按钮	按下急停按钮，使机床移动立即停止，并且所有的输出如主轴的转动等都会关闭

（2）机床操作面板。由显示屏和MDI键盘两部分组成，其中显示屏主要用来显示相关坐标位置、程序、图形、参数、诊断、报警等信息；而MDI键盘如图5.44所示，包括字母键、数值键以及功能按键等，可以进行程序、参数、机床指令的输入及系统功能的选择，其功能见表5.6。

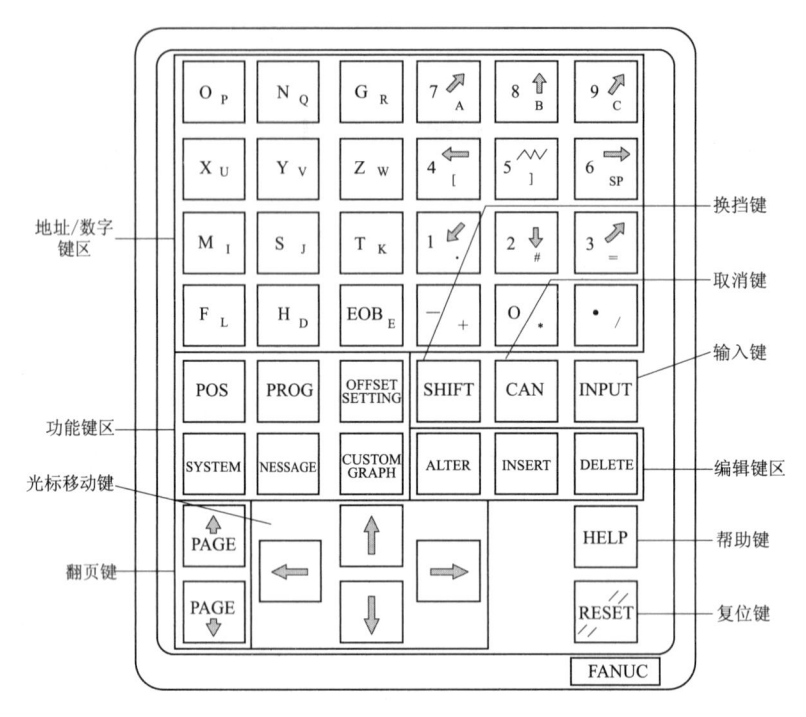

图 5.44 MDI 键盘

表 5.6　　　　　　　　　　　机床操作面板按键及其功能描述

按键	功能	按键	功能
O_P	字母地址和数字键。由这些字母和数字键组成数控加工单	EOB_E	符号键，是程序段的结束符号
SHIFT	换挡键，当按下此键后，可以在某些键的两个功能之间进行切换	CAN	取消键，用于删除最后一个输入缓存区的字符或符号。从后向前
INPUT	输入键，用于输入工件偏置值、刀具补偿值或数据参数（但不能用于程序的输入）	ALTER	替换键，替换输入的字符或符号（程序编辑）
INSERT	插入键，用于在程序行中插入字符或符号（程序编辑）	DELETE	删除键，删除已输入的字符、符号或 CNC 中的程序（程序编辑）
HELP	帮助键，了解 MDI 键的操作，显示 CNC 的操作方法及 CNC 中发生报警信息	RESET	复位键，用于使 CNC 复位或取消报警，终止程序运行等功能
PAGE↑ PAGE↓	换页键，用于将屏幕显示的页面向前或向后翻页	←↑→↓	光标移动键

续表

按键	功能	按键	功能
POS	显示机械坐标、绝对坐标、相对坐标位置，以及剩余移动量	PROG	显示程序内容。在编辑状态下可进行程序编辑、修改、查找等
OFFSET SETTING	显示偏置值/设置屏幕。可进行刀具长度、半径、磨耗等的设置，以及工件坐标系设置	SYSTEM	显示系统参数。在MDI模式下可进行系统参数的设置、修改、查找等
MESSAGE	显示报警信息	CUSTOM GRAPH	显示用户宏程序和刀具中心轨迹图形

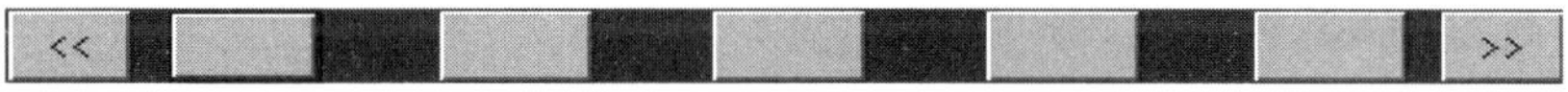

CRT 软键：该长条每个按键是与屏幕文字相对的功能键。按下某个功能键后，可进一步进入该功能的下一级菜单。最左侧带有向左箭头的软键为上一级菜单的返回键，最右侧带有向右箭头的软键为下一级菜单的继续键

2. 数控车床对刀操作

常见的对刀方法有试切对刀法和对刀仪对刀法两种，这里只介绍试切法对刀，下面以 90°外圆右偏刀为例。

试切法对刀具体操作步骤：

（1）装夹好工件或毛坯及刀具。

（2）对刀前必须返回参考点。

（3）进入"工具补正/形状"界面，即先按功能键 OFFSET，再依次按下［补正］、［形状］软键，如图 5.45 所示。

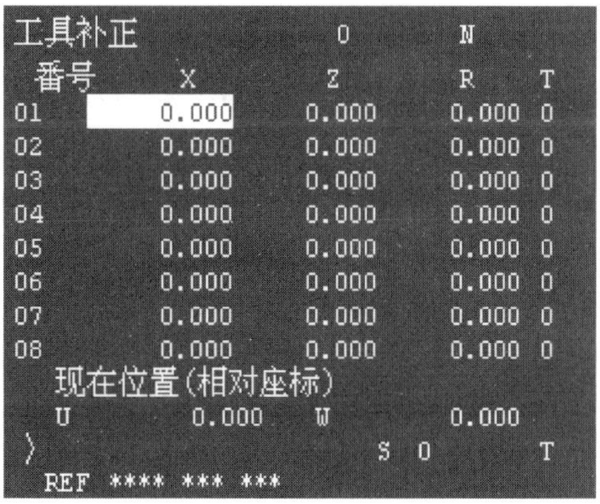

（4）Z 向刀补值的测量。

1）在 JOG 手动方式下，移动刀架到安全位置，然后手动换成所要对的刀具（如 T0101）。

2）手动使主轴正转或在 MDI 方式下，输入"M03 S400"和按 EOB（分号），再按 INSERT 键插入，最后按"循环启动"来启动，主轴启动后可按相应步骤重新进入"工具补正/形状"界面。

图 5.45 "工具补正/形状"界面

3）在 JOG 方式下，按方向按钮或切换到手轮方式下摇动手轮，将车刀快速移动到工件附近。

4）用手轮来控制刀具慢速车削端面。

5）车削端面后，刀具+X 轴向退出工件，Z 轴向保持不动。

6）在"工具补正/形状"界面，按形状软键，将光标移动键移动光标到寄存器号 (01)上。

7）输入"Z0，按软键［测量］，则该号刀具 Z 向刀补值测量出并被自动输入。

（5）X 向刀补值的测量，如图 5.55 所示。

1）手动使主轴正转（测 Z 向刀补后，如主轴未停，此步可省略）。

2) 摇动手轮，先快后慢，靠近工件后，选择背吃刀量。
3) 车削外圆，$-Z$ 轴向切削长 5~10mm（脉冲当量为 ×10，即 0.01mm）；
4) 车削外圆后，仅 $+Z$ 轴方向退刀，远离工件，而 X 轴向保持不动；
5) 停主轴，测量所车外圆直径；
6) 将光标移到相应寄存器号（如 01）的 X 轴位置上；
7) 输入"X"和所测工件直径值，如输入"$X30.335$"；
8) 按软键［测量］，得出该刀具 X 轴向的刀补值。

至此，一把刀的 Z 向和 X 向刀补值都测出，对刀完成。

其他刀具对刀方法同上。

注意：对于同一把刀，一般是先测量 Z 向刀补，再测量 X 向刀补，这样可避免中途停车测量。

同时对多把刀具时，第一把刀对好后，后面其他刀具对刀时，要把第一把刀车削的端面作为基准面，不能再车削，只能轻触（因端面中心是共同的工件坐标原点），而外圆每把刀都可车削，测出实际的直径值输入即可。螺纹刀较特殊，需目测刀尖对正工件端面来设定 Z 轴补偿值。

5.4.9 数控车床优点

与普通车床相比，数控车床具有以下特点。

（1）数控机床采用全封闭或半封闭防护装置。可防止切屑或切削液飞出，给操作者带来意外伤害。

（2）数控机床采用自动排屑装置。数控车床大都采用斜床身结构布局，排屑方便，便于采用自动排屑机。

（3）主轴转速高，工件装夹安全可靠。数控车床大都采用了液压卡盘，夹紧力调整方便可靠，同时也降低了操作工人的劳动强度。

（4）可自动换刀。数控车床采用了自动回转刀架，加工时可自动换刀，连续完成多道工序的加工。

（5）主、进给传动分离。数控车床的主传动与进给传动采用了各自独立的伺服电机，使传动链变得简单、可靠，同时，各电机既可单独运动，也可实现多轴联动。

5.4.10 数控车削实例及参考程序

按图 5.46 所示尺寸编写该零件的加工程序（毛坯尺寸为：$\phi36 \times 100$mm，未注倒角 $1 \times 45°$）。

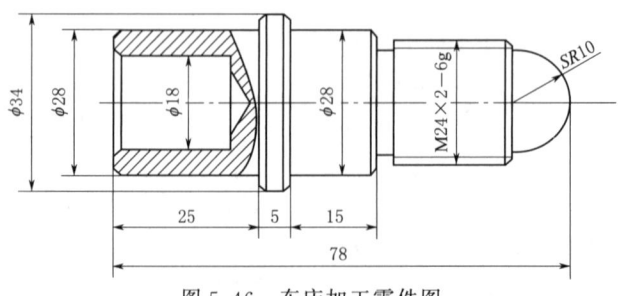

图 5.46 车床加工零件图

工艺路线如下：

(1) G71 粗精车零件右边外形 SR10、$\phi 28_0^{+0.1}$、$\phi 34_0^{+0.1}$ 至尺寸。

(2) 切槽 3×2mm 至尺寸。

(3) 粗精车螺纹 M24×2-6g 至尺寸。

(4) 掉头装夹，钻中心孔，钻 $\phi 16$ 底孔。

(5) 镗孔 $\phi 18 \pm 0.05$ 至尺寸。

(6) 粗精车外圆 $\phi 28_0^{+0.1}$ 至尺寸。

(7) 零件检测。

循环粗车外圆参数：$\Delta d = 6$mm、$e = 2$mm、$\Delta u = 2$mm、$\Delta w = 4$mm。

刀具：T0101，粗、精车外圆车刀；T0202，镗孔车刀；T0303，切刀，刀刃宽 3mm；T0404，60°螺纹车刀。

程序样例：

O0001;	//零件右边外形加工,程序各 00001
N10 G98 G40 M3 S1 F100;	//程序初始化
N20 T0101;	//选择 1 号刀
N30 G00 X38 Z2;	//快速定位至起刀点
N40 G71 U1 R1;	//粗车循环,每层背吃刀量 1mm,退刀 1mm
N50 G71 P60 Q160 U0.3;	//设定粗车循环起始点,精加工余量 0.3mm
N60 G00 X0;	//X 轴快速定位加工坐标系零点
N70 G01 Z0;	//走刀至循环轮廓起点
N80 G03 X20 Z-10 R10;	//加工 SR10 半球
N90 G01 X24 Z-12;	//螺纹倒角
N100 Z-30;	//加工螺纹外径
N110 X26;	
N120 X28 Z-31;	//倒角 C1
N130 Z-48;	//加工 $\phi 28_0^{+0.1}$ 尺寸
N140 X32;	
N150 X34 Z-49;	//倒角 C1
N160 Z-54;	//加工 $\phi 34_0^{+0.1}$ 尺寸
N170 G70 P60 Q160;	//精车循环
N180 G00 X100;	//刀具退出
N190 Z100;	
N200 M30;	//程序结束
O0002;	//螺纹退刀槽加工
N10 G98 G40 M3 S1 F100;	//程序初始设定
N20 T0303;	//选择 3 号切槽刀
N30 G00 X38 Z2;	//快速定位至起刀点
N40 G75 R0.5;	//径向退刀量
N50 G75 X20 Z-33 P1000 Q0000 R0 F50;	//切槽参数设置
N60 G00 X100;	//快速退刀
N70 Z100;	
N80 M30;	//程序结束

O0003;	//螺纹加工
N10 G98 G40 M3 S1 F100;	//程序初始设定
N20 T0404;	//选择4号螺纹刀
N30 G00 X26 Z−52;	//快速定位至起刀点
N40 G92 X24 Z−31.5 F2;	//螺纹加工
N50 X24.5;	
N60 X24;	
N70 X23.5;	
N80 X23;	
N90 X22.7;	
N100 X22.5;	
N110 X21.4;	
N120 X21.4;	//螺纹修光
N130 G00 X100 Z100;	//快速退刀
N80 M30;	//程序结束
O0004;	//掉头装夹,左轮廓加工
N10 G98 G40 M3 S1 F100;	//程序初始设定
N20 T0101;	//选择3号切槽刀
N30 G00 X38 Z2;	//快速定位至起刀点
N40 G71 U1 R1;	//粗车循环,每层背吃刀量1mm,退刀1mm
N50 G71 P60 Q110 U0.3;	//设定粗车循环起始点,精加工余量0.3mm
N60 G00 X26;	
N70 G01 Z0;	
N80 X28 Z−1;	
N90 Z−25;	
N100 X32;	
N110 X34 Z−26;	
N120 G70 P60 Q110;	//精加工循环
N130 G00 X100 Z100;	
N140 M30;	//程序结束
O0005;	//镗孔加工
N10 G98 G40 M3 S1 F100;	//程序初始设定
N20 T0202;	//选择2号镗孔刀
N30 G00 X14 Z2;	//快速定位至起刀点
N40 G71 U1 R1;	//镗孔粗车循环,每层背吃刀量1mm,退刀1mm
N50 G71 P60 Q90 U−0.3;	//设定粗车循环起始点,精加工余量−0.3mm
N60 G00 X20;	//快速退刀
N70 G01 Z0;	
N80 X18 Z−1;	
N90 Z−20;	
N100 G70 P60 Q90;	
N110 G00 X100 Z100;	
N120 M30;	//程序结束

5.5 操 作 规 程

车床是一种自动化程度高、结构复杂、价格昂贵的先进加工设备，具有加工精度高、加工灵活、通用性强、生产率高、质量稳定等优点，在生产中有着至关重要的地位。操作者要做到文明生产，严格遵守安全操作规程。

1. 车床安全操作规程

(1) 不准戴手套，上衣须扣紧，长发、辫子或散发须盘起并戴工作帽。

(2) 开机前须检查电源、各按钮、各手柄、接地、润滑系统是否正常。

(3) 打开电源，启动油泵，调整主轴转数为100～300r，开机空运行10min，使机床预热。

(4) 工件、刀具和夹具都必须装夹牢固才能切削。

(5) 工件装夹后，调整相应的主轴转速、切削深度、进给速度。

(6) 加工工件时，启动主轴，手动使刀具慢慢靠近工件，进行试切对刀。

(7) 如加工长轴时，必须使用尾座顶针顶住，以免加工时产生振动。

(8) 测量工件，必须先停车，使调速手柄摆到空挡位置，关闭油泵，再进行测量。

(9) 调整进给方向和进给量时要停车，配换齿轮必须关掉电源进行。

(10) 停车时，应先让刀具退出工件，将中小拖板拖至安全位置，再停车。

(11) 使用锉刀抛光时，锉刀一定要装上木柄，用左手握柄，右手在前，避免与卡盘相撞。

(12) 操作中发生故障或发现异常情况，应立即停车，并及时向指导教师报告，学生不能擅自拆装机床电气设备。

(13) 结束后，打扫车床、擦净后在导轨上加润滑油，将大拖板摇至车床尾座一端，各传动手柄放于空挡位置，打扫车床铁屑清扫场地，关闭电源。

2. 数控车床安全操作规程

(1) 学生必须在教师指导下进行机床操作。

(2) 禁止多人同时操作，强调机床单人操作。

(3) 学生必须在操作步骤完全清楚时进行操作，遇到问题立即向教师询问，禁止在不知道规程的情况下进行尝试性操作。

(4) 操作中如机床出现异常，必须立即向指导教师报告。

(5) 手动原点回归时，注意机床各轴位置要距离原点-100mm以上。

(6) 手工操作前，应先按下手动按钮后再进行操作。

(7) 学生编完程序或将程序输入机床后，要通过指导教师检查无误后方可进行试运行。

(8) 学生进行机床试运行及自动加工时必须在指导教师监督下进行。

(9) 程序运行注意事项。

1) 刀具要距离工件200mm以上。

2）光标要放在主程序头。

3）检查机床各功能按键的位置是否正确。

4）启动程序时一定要一只手按开始按钮，另一只手按停止按钮，程序在运行当中手不能离开停止按钮，如有紧急情况立即按下停止按钮。

（10）机床在运行当中要将防护门关闭以免铁屑、润滑油飞出伤人。

（11）在程序中有暂停测量工件尺寸时，要待机床完全停止、主轴停转后方可进行测量。此时千万注意不要触及开始按钮，以免发生人身事故。

（12）关机时，要等主轴停转 3min 后方可关机。

数控车床简介

【练　习　题】

1. 简述数控车床的编程特点。
2. 举例说明 G98、G99 指令的含义。
3. 举例说明 G96、G97 指令的含义。
4. 为什么数控车床通常采用直径值编程？
5. 简述数控车床的试切对刀步骤。
6. 数控车床固定循环指令的作用是什么？主要包含哪些指令？
7. 数控车削螺纹的指令有哪些？
8. 编制图 5.47 所示零件的数控车削加工程序。
9. 编制出图 5.47 中所有加工部位的程序。

10. 用数控车床加工如图 5.47 所示零件，（材料为 45 号钢调质处理。设 T01 为粗车外圆车刀，T02 为精车外圆车刀，T03 为宽 2mm 切断刀，T04 为螺纹车刀，法那科系统、华中世纪星系统、西门子系统，中等批量），按要求完成零件轮廓的粗精加工程序编制。

11. ①在图上画出工件坐标系；②粗、精加工程序采用固定循环指令；③正确选择刀具。

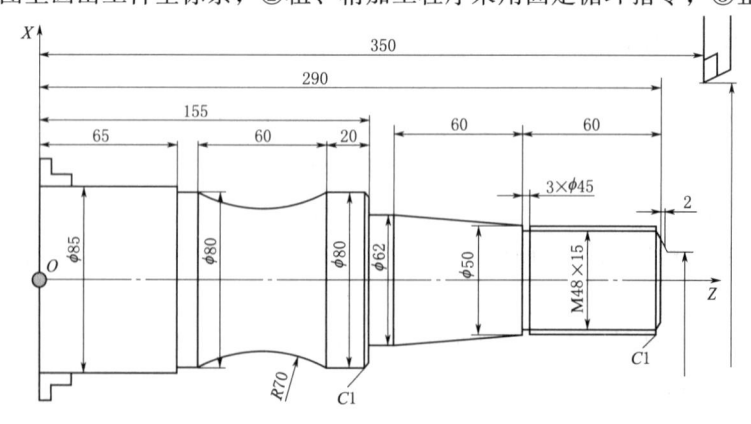

图 5.47　加工零件图

第 6 章

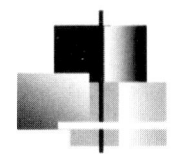

铣 削 加 工

6.1 铣 削 概 述

铣削加工是一种切削加工方法，通过旋转的多刃刀具（铣刀）切除工件材料，从而加工出所需形状、尺寸和表面质量的工件。铣削的加工范围很广，可加工平面、台阶、斜面、沟槽、成型面、齿轮以及切断等，如图 6.1 所示为铣削加工应用的示例。在切削加工中，铣削与车削、刨削等传统切削方法的主要区别在于，铣削时刀具旋转，工件通常固定或沿特定路径移动。

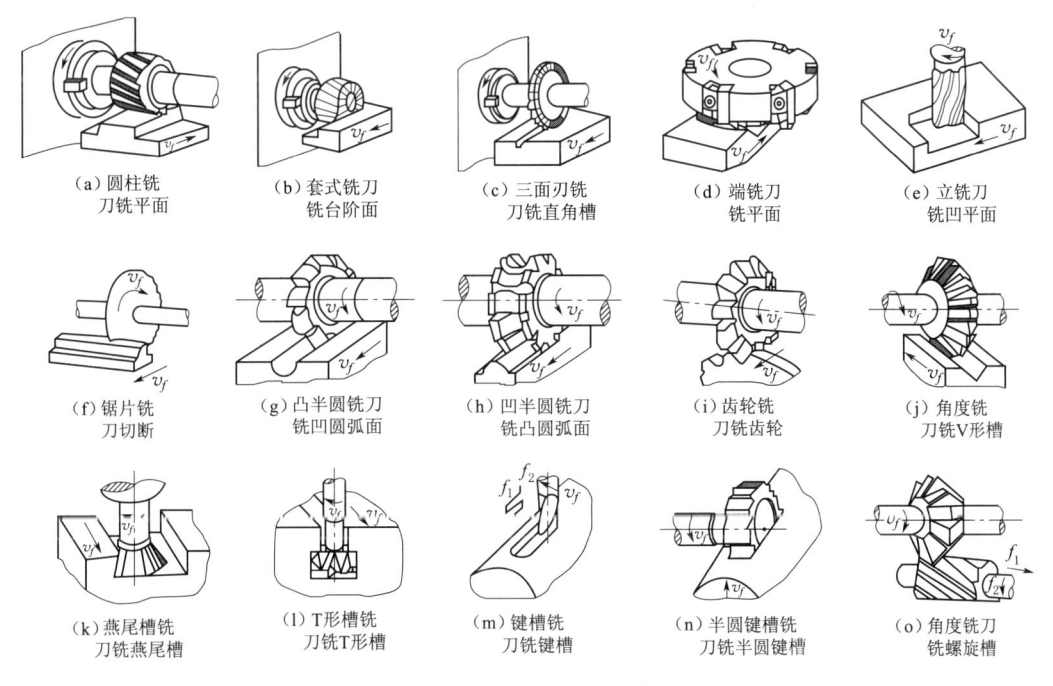

(a) 圆柱铣刀铣平面　(b) 套式铣刀铣台阶面　(c) 三面刃铣刀铣直角槽　(d) 端铣刀铣平面　(e) 立铣刀铣凹平面

(f) 锯片铣刀切断　(g) 凸半圆铣刀铣凹圆弧面　(h) 凹半圆铣刀铣凸圆弧面　(i) 齿轮铣刀铣齿轮　(j) 角度铣刀铣V形槽

(k) 燕尾槽铣刀铣燕尾槽　(l) T形槽铣刀铣T形槽　(m) 键槽铣刀铣键槽　(n) 半圆键槽铣刀铣半圆键槽　(o) 角度铣刀铣螺旋槽

图 6.1　铣削加工的种类

铣削加工的尺寸精度为 IT7～IT8，表面粗糙度 Ra 值为 $3.1 \sim 1.6 \mu m$。最高表面粗糙度 Ra 值可达 $0.4 \mu m$。铣削加工被广泛用于各种机械零件的制造和加工中，如制作模具、夹具和其他精密工具，加工汽车零件、航空航天结构件，加工复杂曲面的工件，如叶片、螺旋桨等。

6.1.1 铣床概述

铣床是一种机械加工设备，主要用于对金属、塑料、木材等材料进行铣削加工。通过使用旋转的多刃刀具（铣刀），铣床可以加工平面、沟槽、齿形、曲面及各种复杂形状。铣床广泛应用于制造业中的各种领域，如模具制造、机械制造、航空航天、汽车工业等。随着科技的发展，数控技术的应用，铣床也快速向数控化转变，因此衍生了诸多种类，如普通铣床、数控铣床、加工中心等。

1. 普通铣床

（1）立式铣床：主轴垂直于工作台，适合加工中小型工件，尤其适用于复杂零件的加工。常用于铣削平面、沟槽、台阶和孔。

（2）卧式铣床：主轴与工作台平行，适用于加工大型工件的平面和斜面。通常配备了刀具杆，能同时安装多个刀具，提高加工效率。

2. 数控铣床

（1）标准数控铣床：通过计算机程序控制铣床的运动，能够进行高精度和高效率的加工。

（2）五轴数控铣床：除了传统的3个轴（X、Y、Z），还增加了两个旋转轴，能在更复杂的角度进行加工，适合复杂零件的加工。

3. 加工中心

（1）立式加工中心：主轴垂直于工作台，适合复杂的立式加工和高精度加工。

（2）卧式加工中心：主轴水平于工作台，适合大批量生产和长时间连续加工。

（3）多轴加工中心：具有多个工作轴，可以进行复杂的三维加工操作，提高加工灵活性和精度。

6.1.2 典型的铣床组成

（1）主轴：铣床的主运动部件，带动铣刀旋转。主轴通常可以在水平或垂直方向上安装刀具。

（2）工作台：工件固定在工作台上，工作台可以沿X、Y、Z 3个方向移动，实现工件的精确定位和加工。

（3）铣刀：主要的切削工具，安装在主轴上，具有多齿结构，可以高效去除材料。

（4）底座与床身：铣床的基础部分，提供稳定的结构支撑。床身通常为铸铁结构，以确保加工过程的稳定性和刚性。

（5）传动系统：包括电机、齿轮箱、传动轴等，用于驱动主轴旋转和工作台移动。

（6）控制系统：在数控铣床中，控制系统通常由计算机控制，能够进行复杂的加工程序操作。

6.2 普 通 铣 床

6.2.1 普通铣床分类

1. 万能升降台铣床

万能升降台铣床简称为卧铣（图6.2），是铣床中应用最多的一种。其主要特征是主轴与工作台台面平行，主轴轴线处于横卧位置。

2. 立式升降台铣床

立式升降台铣床简称立式铣床。立式升降台铣床与卧式铣床的主要区别是立式铣床主轴与工作台面垂直。此外，它没有横梁、吊架和转台。有时根据加工的需要，可以将主轴（立铣头）左、右倾斜一定的角度。铣削时铣刀也安装在主轴上，由主轴带动做旋转运动，工作台带动零件作纵向、横向、垂向移动。

如图 6.3 所示为 XA5032 立式升降台铣床，在型号中，X 为机床类别代号，表示铣床，读作"铣"；5 为机床组别代号，表示立式升降台铣床；0 为机床系列代号，表示万能升降台铣床；32 为主参数工作台面宽度的 1/10，即工作台面宽度为 320mm。

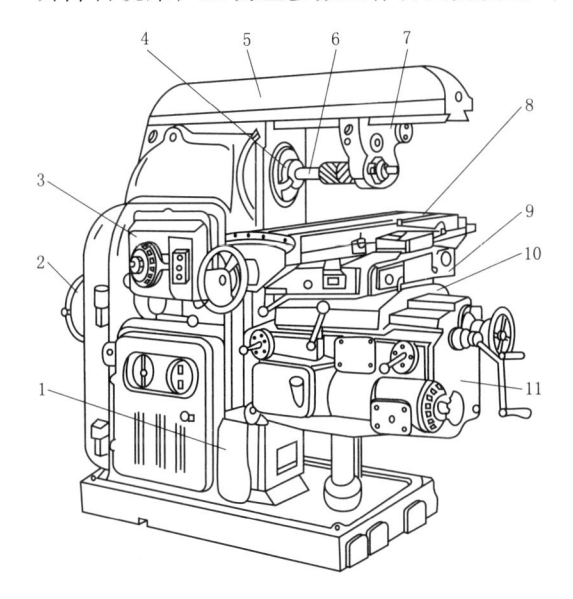

图 6.2 X6132 卧式万能升降台铣床示意图
1—床身；2—电动机；3—主轴变速机构；4—主轴；
5—横梁；6—刀杆；7—吊架；8—纵向工作台；
9—转台；10—横向工作台；11—升降台

图 6.3 XA5032 立式铣床

6.2.2 铣床常用附件

铣床常用附件主要有机床用平口虎钳、回转工作台、分度头和万能铣头等。其中前 3 种附件用于安装零件，万能铣头用于安装刀具。当零件较大或形状特殊时，可以用压板、螺栓、垫铁和挡铁把零件直接固定在工作台上进行铣削。当生产批量较大时，可采用专用夹具或组合夹具安装零件，这样既能提高生产效率，又能保证零件的加工质量。

1. 机床用平口虎钳

机床用平口虎钳是一种通用夹具，也是铣床常用的附件之一，它安装使用方便，应用广泛。用于安装尺寸较小和形状简单的支架、盘套、板块、轴类零件。它有固定钳口和活动钳口，通过丝杠、螺母传动调整钳口间距离，以安装不同宽度的零件。铣削时，将平口虎钳固定在工作台上，再把零件安装在平口虎钳上，应使铣削力方向趋向固定钳口方向，如图 6.4 所示。

2. 回转工作台

如图 6.5 所示，回转工作台又称转盘或圆工作台，一般用于较大零件的分度工作和非整圆弧面的加工。分度时，在回转工作台上配上自定心卡盘，可以铣削四方、六方等零件。回转工作台有手动和机动两种方式。其内部有蜗杆蜗轮机构。摇动手轮 3，通过蜗杆轴 4 直接带动转台 1 相连接的蜗轮转动。转台 1 周围有 360°刻度，可用来观察和确定转台位置。拧紧螺钉 2，转台 1 即被固定。转台 1 中央的孔可以装夹心轴，用以找正和确定零件的回转中心，当 U 形槽和铣床工作台上的 T 形槽对齐后，即可用螺栓把回转工作台固定在铣床工作台上。在回转工作台上铣圆弧槽时，首先应校正零件圆弧中心与转台 1 的中心重合，然后将零件安装在回转工作台上，铣刀旋转，用手均匀缓慢地转动手轮 3，即可铣出圆弧槽。目前，由于数控机床的普及，回转工作台的作用已经被数控机床工作台取代。

图 6.4 机床用平口虎钳

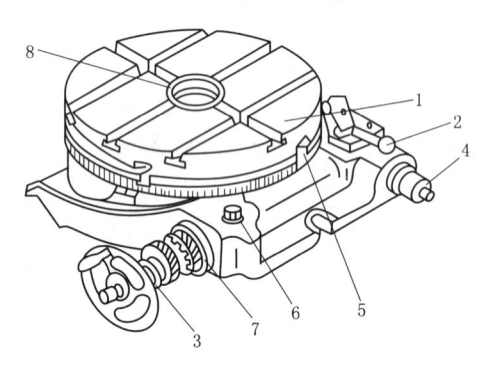

图 6.5 回转工作台
1—转台；2—螺钉；3—手轮；4—蜗杆轴；
5—挡铁；6—螺母；7—偏心环；8—定位

3. 万能分度头

分度头主要用来安装需要进行分度的零件，利用分度头可铣削多边形、齿轮、花键、刻线、螺旋面及球面等。分度头的种类很多，有简单分度头、万能分度头、光学分度头、自动分度头等，其中用得最多的是万能分度头。加工时，既可用分度头卡盘（或顶尖）与尾座顶尖一起安装轴类零件，如图 6.6（a）、(b)、(c) 所示；也可将零件套装在心轴上，心轴装夹在分度头的主轴锥孔内，并按需要使分度头倾斜一定的角度，如图 6.6（d）所示；也可只用分度头卡盘安装零件，如图 6.6（e）所示。

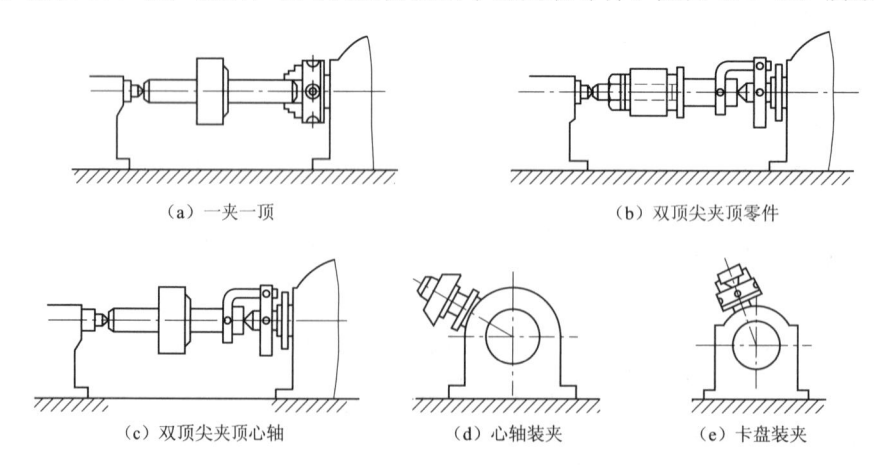

（a）一夹一顶　　　　　　　　　　（b）双顶尖夹顶零件

（c）双顶尖夹顶心轴　　（d）心轴装夹　　（e）卡盘装夹

图 6.6 分度头装夹工件

(1) 万能分度头的结构。如图 6.7 所示，万能分度头的基座 1 上装有回转体 5，分度头主轴 6 可随回转体 5 在垂直平面内转动 −6°～90°，主轴前端铣锥孔用于装顶尖，外部定位锥体用于装自定心卡盘 9，分度时可转动分度手柄 4，通过蜗杆 8 和蜗轮 7 带动分度头主轴旋转进行分度，如图 6.8 所示为其传动示意图。

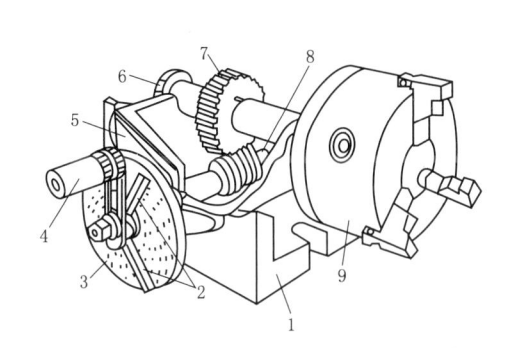

图 6.7 万能分度头的外形
1—基座；2—扇形叉；3—分度盘；4—手柄；
5—回转体；6—分度头主轴；7—蜗轮；
8—蜗杆；9—自定心卡盘

图 6.8 分度头的传动
1—主轴；2—刻度环；3—蜗杆蜗轮；
4—挂轮轴；5—分度盘；
6—定位销；7—螺旋齿轮

分度头中蜗杆和蜗轮的传动比为

$$i = 蜗杆的头数 / 蜗轮的齿数 = 1/40 \tag{6.1}$$

即当手柄通过一对直齿轮（传动比为 1∶1）带动蜗杆转动一周时，蜗轮只能带动主轴转过 1/40 周。若零件在整个圆周上的分度数目 z 为已知时，则每分一个等分就要求分度头主轴转过 $1/z$ 圈。当分度手柄所需转数为 n 圈时，有如下关系：

$$1 : 40 = 1/z : n \tag{6.2}$$

式中　n——分度手柄转数；

　　　40——分度头定数；

　　　z——零件等分数。

即简单分度公式为

$$n = 40/z \tag{6.3}$$

(2) 分度方法。分度头分度的方法有直接分度法、简单分度法、角度分度法和差动分度法等。这里仅介绍最常用的简单分度法。

分度头一般备有两块分度盘。分度盘的两面各钻有许多圈孔，各圈的孔数均不相同。然而同一圈上各孔的孔距是相等的。第一块分度盘正面各圈的孔数依次为 24、25、28、30、34、37；反面各圈的孔数依次为 38、39、41、42、43。第二块分度盘正面各圈的孔数依次为 46、47、49、51、53、54；反面各圈的孔数依次为 57、58、59、62、66。

例如，欲铣削一齿数为 6 的外花键，用分度头分度，问：每铣完一个齿后，分度手柄应转多少转？

解：外花键需 6 等分，代入简单分度公式为

$$n = \frac{40}{z} = \frac{40}{6} = 6\frac{2}{3}(\text{r})$$

可选用分度盘上 24 的孔圈（或孔数是分母 3 的整数倍的孔圈）

$$n = 6\frac{2}{3} = 6\frac{16}{24}(\text{r})$$

即先将定位销调整至孔数为 24 的孔圈上，转过 6 转后，再转过 16 个孔距。为了避免手柄转动时发生差错和节省时间，可调整分度盘上的两个扇形叉间的夹角（图 6.8），使之正好等于孔距数，这样依次进行分度时就可准确无误。如果分度手柄不慎转多了孔距数，应将手柄退回 1/3 圈以上，以消除传动件之间的间隙，再重新转到正确的孔位上。

目前，四轴数控铣床普遍安装了第 4 轴（x 旋转轴），分度头与旋转工作台性能落后，同样逐渐被数控旋转轴取代。

6.2.3 铣刀及其安装

1. 铣床常用刀具

铣刀是一种多刃刀具，其刀齿分布在圆柱铣刀的外圆柱表面或端铣刀的端面上。铣刀的种类很多，按其安装方法可分为带孔铣刀和带柄铣刀两大类。如图 6.9 所示，采用孔装夹的铣刀称为带孔铣刀，一般用于卧式铣床；如图 6.10 所示，采用手柄部装夹的铣刀称为带柄铣刀，多用于立式铣床。

图 6.9 常用的铣床刀具

（1）带孔铣刀。常用的带孔铣刀有圆柱铣刀、圆盘铣刀、角度铣刀、成形铣刀等。带孔铣刀的刀齿形状和尺寸可以适应所加工零件的形状和尺寸。

1）圆柱铣刀。其刀齿分布在圆柱表面上，通常分为直齿和斜齿两种，主要用圆周刃铣削中小型平面。

2）圆盘铣刀。如三面刃铣刀，锯片铣刀等，主要用于加工不同宽度的沟槽及小平面，小台阶面等；锯片铣刀用于铣窄槽或切断材料。

3）角度铣刀。具有各种不同的角度，用于加工各种角度槽及斜面等。

4）成形铣刀。切削刃呈凸圆弧、凹圆弧、齿槽形等形状，主要用于加工与切削刃形状相对应的成形面。

（2）带柄铣刀。常用的带柄铣刀有立铣刀、键槽铣刀、T形槽铣刀和镶齿端铣刀等，其共同特点是都有供夹持用的刀柄。

1）立铣刀。多用于加工沟槽、小平面、台阶面等。立铣刀有直柄和锥柄两种，直柄立铣刀的直径较小，一般小于20mm；直径较大的为锥柄，大直径的锥柄铣刀多为镶齿式。

2）键槽铣刀。用于加工键槽。

3）T形槽铣刀。用于加工T形槽。

4）镶齿端铣刀。用于加工较大的平面。刀齿主要分布在刀体端面上，还有部分分布在刀体周边，一般是刀齿上装有硬质合金刀片，可以进行高速铣削，以提高效率。

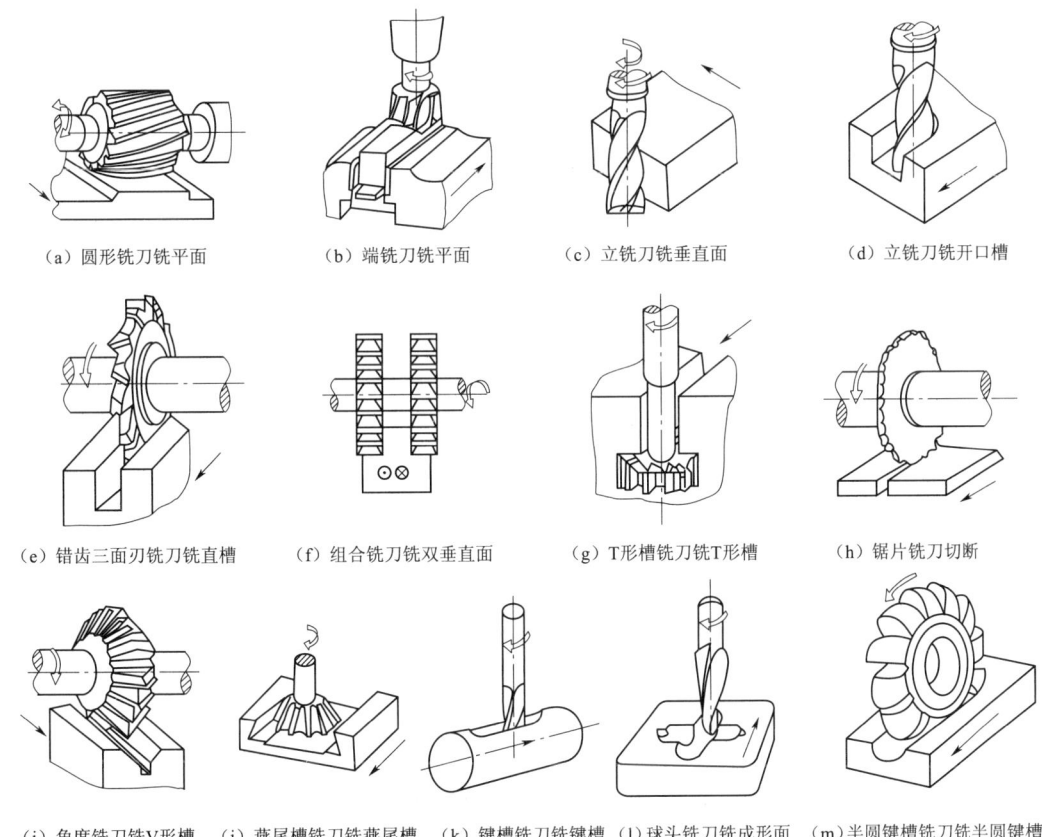

（a）圆形铣刀铣平面　（b）端铣刀铣平面　（c）立铣刀铣垂直面　（d）立铣刀铣开口槽

（e）错齿三面刃铣刀铣直槽　（f）组合铣刀铣双垂直面　（g）T形槽铣刀铣T形槽　（h）锯片铣刀切断

（i）角度铣刀铣V形槽　（j）燕尾槽铣刀铣燕尾槽　（k）键槽铣刀铣键槽　（l）球头铣刀铣成形面　（m）半圆键槽铣刀铣半圆键槽

图6.10　常用的铣削方式

2. 铣刀安装及其使用

这里以圆柱铣刀为例介绍其基本操作。

（1）锥柄立铣刀的安装。如果锥柄立铣刀的锥柄尺寸与主轴孔内锥尺寸相同，则可直接装入铣床主轴中并用拉杆将铣刀拉紧；如果铣刀锥柄尺寸与主轴孔内锥尺寸不同，则根据铣刀锥柄的大小，选择合适的变锥套，将配合表面擦净，然后用拉杆把铣刀及变锥套一起拉紧在主轴上，如图6.11（a）所示。

（2）直柄立铣刀的安装。如图6.11（b）所示，这类铣刀多用弹簧夹头安装。铣刀的直径插入弹簧套5的孔中,用螺母4压弹簧套的端面,使弹簧套的外锥面受压而缩小孔径,即可将铣刀夹紧。弹簧套有3个开口,故受力时能收缩。弹簧套有多种孔径,以适应各种尺寸的立铣刀。

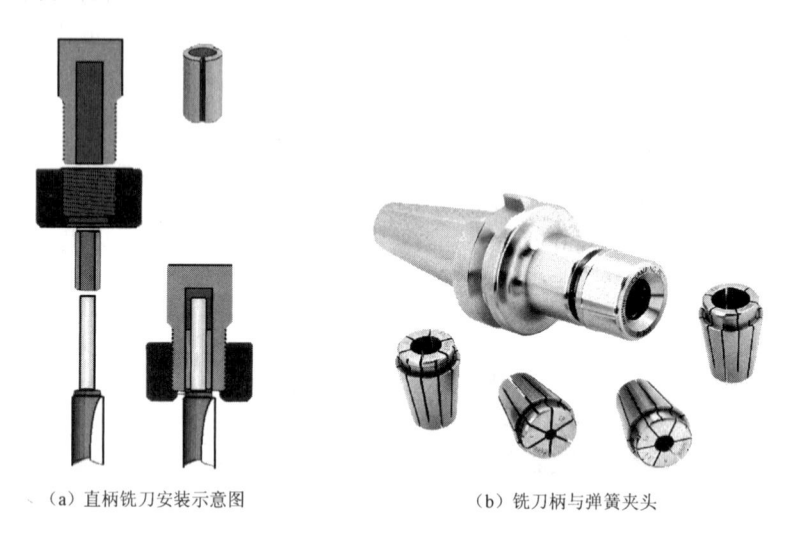

(a) 直柄铣刀安装示意图　　(b) 铣刀柄与弹簧夹头

图 6.11　立铣刀的安装

(3) 铣刀在安装中应注意的问题。

1) 安装前要把刀杆、固定环和铣刀擦拭干净,防止污物影响刀具安装精度。装卸铣刀时,不能随意敲打;安装固定环时,不能互相撞击。

2) 在不影响加工的情况下,尽量使铣刀靠近主轴轴承,使吊架尽量靠近铣刀,以提高刀杆的刚度。安装铣刀时,应使铣刀旋转方向与刀齿切削刃方向一致。安装螺旋齿铣刀时,应使铣削时产生的轴向分力指向床身。

3) 铣刀装好后,先把吊架装好,再紧固螺母,压紧铣刀,防止刀杆弯曲。

4) 安装铣刀后,缓慢转动主轴,检查铣刀径向跳动量。如果径向跳动量过大,应检查刀杆与主轴、刀杆与铣刀、固定环与铣刀之间结合是否良好,如发现问题,应加以修复。最后,还要检查各紧固螺母是否紧牢。

6.2.4　铣削基本操作

6.2.4.1　周铣与端铣

1. 周铣和端铣概念

用刀齿分布在圆周表面的铣刀而进行铣削的方式叫作周铣,如图 6.12 (a) 所示;用刀齿分布在圆柱端面上的铣刀而进行铣削的方式叫作端铣,如图 6.12 (b) 所示。与周铣相比,端铣铣平面时较为有利,原因如下:

(1) 端铣刀的副切削刃对已加工表面有修光作用,能使粗糙度降低。周铣的工件表面则有波纹状残留面积。

(2) 同时参加切削的端铣刀齿数较多,切削力的变化程度较小,因此工作时振动比周铣时小。

(3) 端铣的主切削刃刚接触工件时,切屑厚度不等于零,使刀刃不易磨损。

(4) 端铣刀的刀杆伸出较短，刚性好，刀杆不易变形，可用较大的切削用量。由此可见，端铣时加工质量较好，生产率较高。所以铣削平面大多采用端铣。但是，周铣对加工各种形面的适应性较广，而有些形面（如成形面等）则不能用端铣。

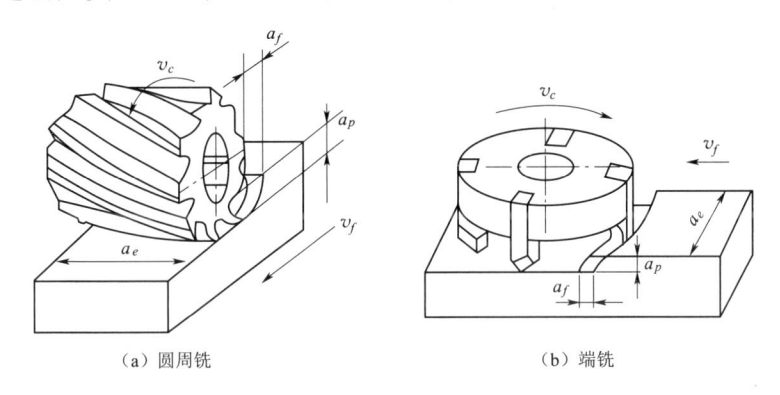

（a）圆周铣　　　　　　　（b）端铣

图 6.12　周铣与端铣

a_p—铣削深度；a_e—铣削宽度；v_c—铣削速度

2. 铣削用量的基本概念

铣削用量包括铣削速度、进给量、铣削深度和铣削宽度。

（1）铣削速度。铣削速度是指切削刃上选定点相对于工件主运动的瞬时速度，如图 6.12 所示。铣削速度的计算公式为

切削速度
$$v = \frac{\pi \times D_m \times n}{1000} \tag{6.4}$$

式中　D_m——铣刀直径，mm；

　　　n——主轴转速，r/min；

　　　v——切削速度，m/min。

（2）进给量。进给量是铣刀在进给运动方向相对工件的位移量。进给量的表示方法有三种。

1）每齿进给量。铣刀每转中每一刀齿在进给运动方向上相对工件的位移量。

2）每转进给量。铣刀每转一周在进给运动方向上相对工件的位移量。

3）每分钟进给量（即进给速度）。铣刀每转 1min，在进给运动方向上相对工件位移量。

3 种进给量的关系是：

每分钟进给量＝每转进给量×主轴转速＝每齿进给量×铣刀齿数×主轴转速

（3）铣削宽度。一次进给中所切掉工件表层宽度。

（4）铣削深度。一次进给中所切掉工件表层深度。

3. 逆铣和顺铣

周铣有逆铣和顺铣之分。逆铣时，铣刀的旋转方向与工件的进给方向相反，如图 6.13（a）所示；顺铣时，铣刀的旋转方向与工件的进给方向相同，如图 6.13（b）所示。逆铣时，切屑的厚度从零开始渐增。实际上，铣刀的刀刃开始接触工件后，将在表面滑行一段距离才真正切入金属。这就使得刀刃容易磨损，并增加加工表面的粗糙度 m。

逆铣时，铣刀对工件有上抬的切削分力，影响工件安装在工作台上的稳固性。

顺铣则没有上述缺点。但是，顺铣时工件的进给会受工作台传动丝杠与螺母之间间隙的影响。因为铣削的水平分力与工件的进给方向相同，铣削力忽大忽小，就会使工作台窜动和进给量不均匀，甚至引起打刀或损坏机床。因此，必须在纵向进给丝杠处有消除间隙的装置才能采用顺铣。但一般铣床上没有消除丝杠螺母间隙的装置，只能采用逆铣法。另外，对铸锻件表面的粗加工，顺铣因刀齿首先接触黑皮，将加剧刀具的磨损，此时，也是以逆铣为妥。

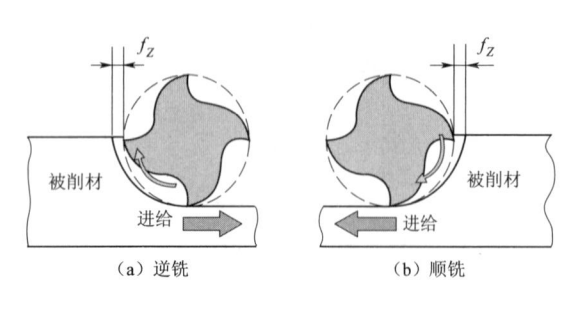

图 6.13 逆铣和顺铣

6.2.4.2 铣削平面

平面是工件加工面中最常见的，铣削在平面加工中具有较高的加工质量和效率，是平面的主要加工方法之一。按照工件平面的位置可分为水平面、垂直面、平行面、斜面和台阶面。常选用圆柱铣刀、三面刃铣刀和端铣刀在卧式铣床或立式铣床上铣削。

1. 用圆柱铣刀铣削平面

加工前，首先认真阅读零件图样，了解工件的材料、铣削加工要求，并检查毛坯尺寸，然后确定铣削步骤。铣削平面的步骤如下：

(1) 选择和安装铣刀。铣削平面时，多选用螺旋齿圆柱高速钢铣刀。铣刀宽度应大于工件宽度。根据铣刀内孔直径选择适当的长刀杆，把铣刀安装好。

(2) 装夹工件。工件可以在普通平口台虎钳上或工作台面上直接装夹，铣削圆柱体上的平面时，还可以用V形铁装夹。

(3) 合理地选择铣削用量。

(4) 调整工作台纵向自动停止挡铁，把工作台前面T形槽内的两块挡铁固定在与工作行程起止相应的位置，可实现工作台自动停止进给。

(5) 开始铣削。铣削平面时，应根据工件加工要求和余量大小分成粗铣和精铣两阶段进行。

(6) 铣削平面时，应注意以下几个方面的问题：

1) 正确使用刻度盘。先搞清楚刻度盘每转一格工作台进给的距离，再根据要求的移动距离计算应转过的格数。转动手柄前，先把刻度盘零线与不动指标线对齐并固紧，再转动手柄至需要刻度。如果多转几格，应先把手柄倒转一圈后再转到需要刻度，以消除丝杠和螺母配合间隙对移动距离的影响。

2) 当吃刀量大时，必须先用手动进给，避免因铣削力突然增加而损坏铣刀或使工件松动。

3) 铣削进行中途不能停止工作台进给。因为铣削时，铣削力将铣刀杆向上抬起，停止进给后，铣削力很快消失，刀杆弯曲变形恢复，工件会被铣刀切出一格凹痕。当铣削途中必须停止进给时，应先将工作台下降，使工件脱离铣刀后，再停止进给。

4) 进给结束，工作台快速返回时，先要降下工作台，防止铣刀返回时划伤已加工表面。

5) 铣削时，根据需要决定是否使用冷却润滑液。

用圆柱铣刀铣削平面在生产效率、加工表面粗糙度以及运用高速铣削等方面都不如用端铣刀铣削平面。因此，在实际生产中广泛采用端铣刀铣削平面。

2. 用端铣刀铣削平面

用端铣刀铣削平面可以在卧式铣床上进行，铣削出的平面与工作台台面垂直，常用压板将工件直接压紧在工作台上，如图 6.14 所示。当铣削尺寸小的工件时，也可以用高精度平口钳装夹。在立式铣床上用端铣刀铣削平面，铣出的平面与工作台台面平行，工件多用平口钳装夹，端铣刀如图 6.15 所示。

为了避免接刀，铣刀外径应比工件加工面宽度大一些。铣削时，铣刀轴线应垂直于工作台进给方向，否则加工就会出现凹面，因此，应将卧式万能铣床的回转台扳到零位，将立式铣床的立铣头（可转动的）扳到零位。当对加工精度要求较高时，还应精确调整。将百分表用磁力架固定在立铣头主轴上，上升工作台使百分表测量头压在工作台台面上，记下指示读数，用手扳动主轴使百分表转过 180°，如果指示读数不变，立铣头主轴中心线即与工作台进给方向垂直，在卧式铣床上的调整与此类似。

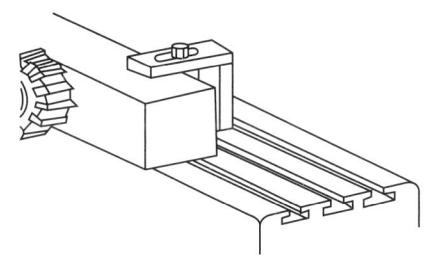

图 6.14　卧式铣床上铣削侧面　　　　　图 6.15　普通端铣刀

6.2.4.3　铣削垂直面和平行面

1. 铣削垂直面的方法

（1）使用立铣刀铣削垂直面。最常见的方法之一，使用立铣刀（端铣刀）铣削垂直面。立铣刀的刀齿分布在圆周上，并且通常会有底部切削刃。工件固定在铣床工作台上，确保工件稳固。使用立铣刀，沿着垂直面进行切削，工件或者刀具可根据需要移动。调整进给速度和切削深度，以获得所需的表面光洁度和尺寸精度。

（2）使用侧铣刀铣削垂直面。将侧铣刀安装在铣床主轴上，工件固定在工作台上。通过调整侧铣刀的高度和工件位置，使刀具沿工件的垂直面进行铣削。可以一次性铣削较宽的垂直面，但要注意刀具的切削力量和工件固定的稳定性。

（3）使用立式铣床主轴侧面的刀具铣削垂直面。铣削步骤：安装适当的刀具，工件固定在工作台上。通过旋转主轴，使刀具的侧刃进行铣削，适合加工需要特定角度或具有特殊几何形状的垂直面。控制进给速度，确保加工表面光洁度。

（4）使用端面铣刀在卧式铣床上铣削垂直面。工件固定在卧式铣床的工作台上。端面铣刀安装在卧式铣床的主轴上，主轴横向移动，刀具铣削垂直面。这种方法适合加工较大工件的垂直面。

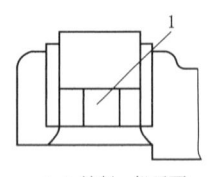

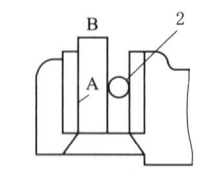

(a) 铣削一般平面　　(b) 工件A、B面间有垂直度要求时　　(c) 工件C、D面间有平行度要求时

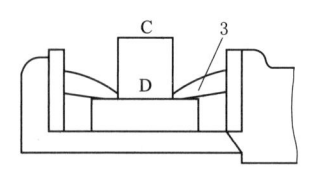

图 6.16　工件在平口钳上的安装
1—平行垫铁；2—圆柱棒；3—斜口撑铁

2. 铣削平行面的方法

平行面可以在卧式铣床上用圆柱铣刀铣削，也可以在立式铣床上用端铣刀铣削，铣削时应使工件的基准面与工作台台面平行或直接贴合，其装夹方法如下：

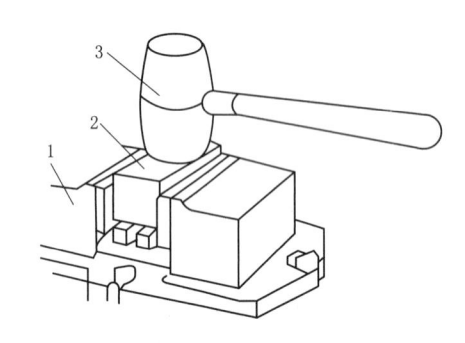

（1）利用平行垫铁装夹。在工件基准面下垫平行垫铁，垫铁应与平口钳导轨顶面贴紧，如图 6.17 所示。装夹时，如发现垫铁有松动现象，可用铜棒或橡胶手锤敲击，直到无松动。如果工件厚度较大，可将基准面直接放在平口钳导轨顶面上。

（2）利用百分表校正基准面。对于平行度要求很高的工件应用百分表校正基准面。在铣床上校准基准面，首先在工作台中间的T形槽装好定位键，再将工件基准面与定位键的侧面靠齐，并用压板将工件压紧。如果不用定位键，则必须用百分表对基准面进行校正，以保证它与工作台进给方向平行。

图 6.17　用平行垫铁安装工件
1—平口钳；2—工件；3—橡胶手锤

6.2.4.4　铣削斜面和台阶

1. 铣削斜面

所谓斜面，是指工件上与基准面倾斜的平面，它与基准面可以相交成任意角度。铣削余面通常采用转动工件、转动立铣头和用角度铣刀等 3 种铣削方法。

（1）转动工件铣削法。转动工件铣削法在卧式铣床和立式铣床上都能使用，装夹工件有以下 3 种方法：

1）根据划线装夹。铣削前按图样要求在工件表面划出斜面的轮廓线，然后把工件装夹在平口钳上，用划线针校正斜面轮廓线，如图 6.18 所示。铣削时先把大部分余量铣削掉，在精铣前应再校正一次，检查工件有无松动。按划线安装工件需用较长时间，宜于单件大批量生产。

2）在万能平口钳上装夹。万能平口钳除可绕垂直轴旋转外，还可绕水平轴转动，转角大小可由刻度读出。装夹工件后，再使其绕水平轴转动要求的角度，如图 6.19 所示。这种方法简单方便，但由于台虎钳刚度较差，故只适宜于铣削较小的工件。

（2）转动立铣头的铣削法。这种铣削法多用在立式铣床上进行，如图 6.20 所示为用端铣刀铣斜面的情况。立铣头主轴转动角度应与斜面倾角相同。如图 6.21 所示为用立铣刀圆柱面刀刃铣削斜面的情况。

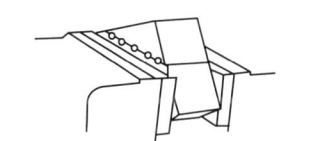

图 6.18 按划线安装工件

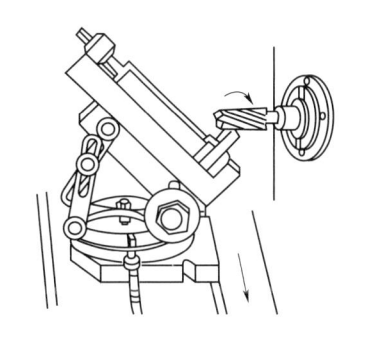

图 6.19 在万能平口钳上装夹工件

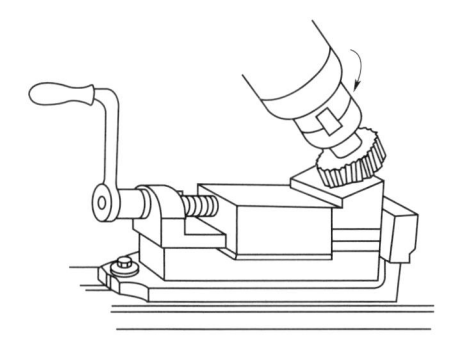

图 6.20 用端铣刀铣削斜面

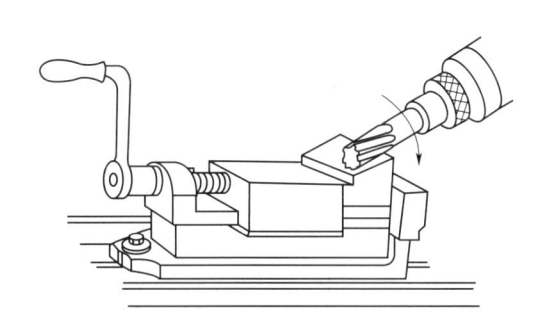

图 6.21 用立铣刀圆柱面刀刃铣削斜面

（3）用角度铣刀铣削斜面。这种方法就是选择合适的角度铣刀铣斜面。角度铣刀一般常用高速钢制成，可分为单角铣刀和双角铣刀，如图 6.22 所示。铣削斜面多选用单角铣刀，铣刀刃长度应稍大于斜面宽度，这样就可一次铣出且无接刀痕。因此，角度铣刀常用来铣削窄斜面。由于角度铣刀刀齿分布较密，排屑困难，故铣削时应选用较小的铣削用量，特别是每齿进给量要小。铣削钢件时还要进行冷却润滑。上升或横向移动工作台可调整吃刀量，如图 6.23 所示。

图 6.22 角度铣刀

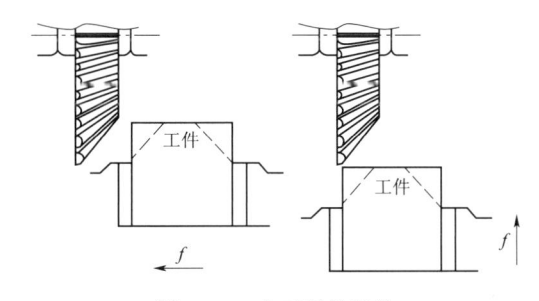

图 6.23 吃刀量的调整

铣削斜面时需要注意：防止出现表面粗糙大、尺寸超差、角度超差等废品。产生前两种废品的原因及防止方法与铣削平面相同。角度超差的原因有：工件划线不正确或装夹不正确；铣削时工件松动；万能台虎钳或立铣头转角不正确等。

2. 铣削台阶

在日常生产过程中，存在着大量带台阶的工件，像 T 形键、阶梯垫铁以及凸块等都属于此类。台阶是由两个相互垂直的平面所构成，其主要技术要求涵盖台阶的深度、宽度尺寸以及台阶面的垂直度等方面。台阶面能够借助三面刃铣刀或者立铣刀来进行铣削操作。

（1）采用三面刃铣刀铣削时，这种铣削作业大多在卧式铣床上开展，具体可参照图 6.24。在挑选铣刀时，需要留意铣刀的宽度应当比台阶宽度更宽，同时铣刀的外径必须大于固定环外径与台阶深度两倍相加之和。为了缩短铣刀切入与切出的行程，在满足上述条件的基础上，铣刀外径应尽可能小一些。

铣削如图 6.25 所示的台阶时，可按下述步骤进行：

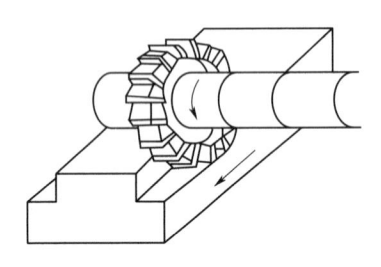

图 6.24 用三面刃铣刀铣削台阶　　图 6.25 用组合铣刀铣台阶

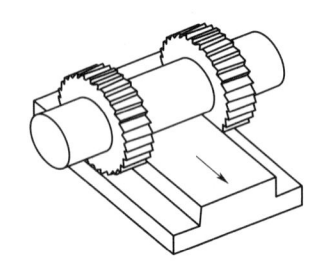

1）开动铣床使铣刀旋转，移动横向工作台，使铣刀断面刀刃刚刚擦到阶台的侧面，记下刻度盘读数。

2）移动纵向工作台，使工件退离铣刀，再将横向工作台移动距离 E（由刻度盘读出），紧固横向工作台。

3）用试切法调整台阶深度后紧固升降台。

4）铣削台阶的一侧。

5）将横向工作台移动距离 $B+C$（其中 B 是铣刀宽度，C 是凸台宽度），铣削台阶的另一侧。

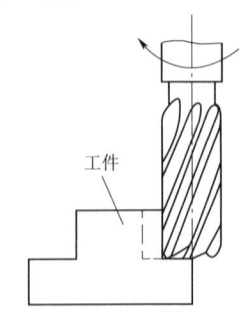

图 6.26 用立铣刀铣台阶

铣削时铣刀因单边刀齿受力，容易向另一边偏斜，出现让刀现象，故加工精度不高。吃刀量较大的阶台或当铣床动力不足时，台阶应从深度方向分几次铣削，以减少让刀现象。

此外，也可采用组合铣刀将几个台阶一次铣出，如图 6.25 所示。铣削前，应选择外径相同的三面刃铣刀，铣刀间用垫圈按台阶尺寸隔开。夹紧铣刀后用游标卡尺检验两铣刀间的距离，一般应比要求尺寸稍大 0.1~0.3mm，以避免铣刀因端面跳动造成凸台宽度减小。正式铣削前应进行试切，以保证加工精度。

（2）用立铣刀铣削台阶。

铣削和调整方法与用三面刃铣刀铣台阶基本相同，如图 6.26 所示。铣削时应注意夹牢铣刀，防止周向铣削分力使铣刀松动。

（3）铣削台阶时出现主要问题。

铣削台阶时出现废品的原因主要有直线度超差、垂直度超差和尺寸超差等。铣削时，夹具安装不准可能造成台阶不正或不直；铣削时的让刀现象会造成阶台垂直度超差；铣刀调整误差会造成台阶尺寸超差。

6.3 数控铣床与加工中心

6.3.1 数控铣床概述

数控铣床是一种利用计算机数控技术进行精密加工的机床，广泛应用于制造业。它的核心构造包括主轴、工作台、刀具和控制系统。主轴负责夹持和旋转切削工具，工作台用于支撑和定位工件，刀具根据需要进行更换以实现不同的切削功能，控制系统则是操作数控铣床的"大脑"，通过计算机程序输入指令并执行加工任务。数控铣床的工作原理包括程序编写、自动加工和反馈系统。操作员首先通过计算机编写加工程序，通常使用 G 代码和 M 代码定义加工路径、切削参数等。为了确保加工精度和质量，数控铣床配备有反馈系统，通过传感器和编码器实时监控加工过程。数控铣床的主要优点包括高精度、高效率和能够加工复杂形状。它可以在微米级别的误差范围内进行精密加工，大幅度提高了生产效率和零件的复杂形状加工能力。数控铣床广泛应用于制造业、模具制造和电子产品加工等领域。常见的数控铣床类型包括立式铣床、卧式铣床和复合铣床。立式铣床主轴垂直于工作台，适合加工较小的零件；卧式铣床主轴水平放置，适合加工较大的工件；复合铣床结合了立式和卧式铣床的特点，提供更大的加工灵活性。

6.3.2 加工中心概述

加工中心是在数控铣床的基础上发展起来的，适用于加工复杂零件的高效率数控机床，是目前世界上产量最高、应用最广泛的数控机床之一。加工中心一般具有刀库和自动换刀装置，刀库中存放着不同数量的各种刀具或检具，在加工过程中由程序自动选用和更换，可在一次装夹中通过自动换刀装置改变主轴上的加工刀具，从而实现铣削、镗削、钻削、攻螺纹和切削螺纹等多种加工功能。工件一次装夹后能完成较多的加工内容，加工精度较高，能完成许多普通设备不能完成的加工，非常适用于形状较复杂，精度要求高的单件加工或中小批量多品种生产。为新产品的研制和改型换代节省大量的时间和费用，从而能显著提高企业的竞争能力。

根据主轴在空间的状态，加工中心可分为立式加工中心（主轴在空间处于垂直状态）、卧式加工中心（主轴在空间处于水平状态），和复合加工中心（主轴可作垂直和水平转换，又称为立卧式加工中心）。

立式加工中心，如图 6.27 所示，适合于加工有端面结构或周边轮廓加工任务的零件，如盘盖、板类零件。零件或安装在工作台夹具上，或夹持在虎钳或卡盘或分度头上。卧式加工中心，如图 6.28 所示，适合于对在一次安装中，有多个加工面加工任务的零件，工件往往安装在回转工作台上，如对安装在回转工作台上的箱体类零件的多个加工面的加工。复合加工中心可以在一台设备上可以完成车削、铣削、镗削和钻削等多种工序加工，可代替多台机床实现多工序的加工（图 6.29）。

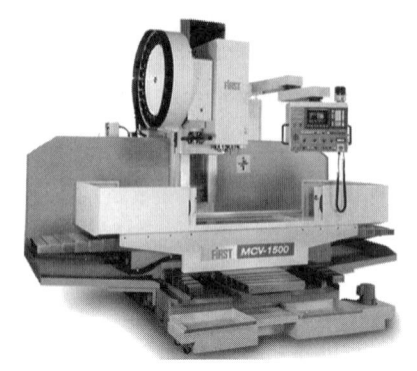

图 6.27　立式加工中心

图 6.28　卧式加工中心

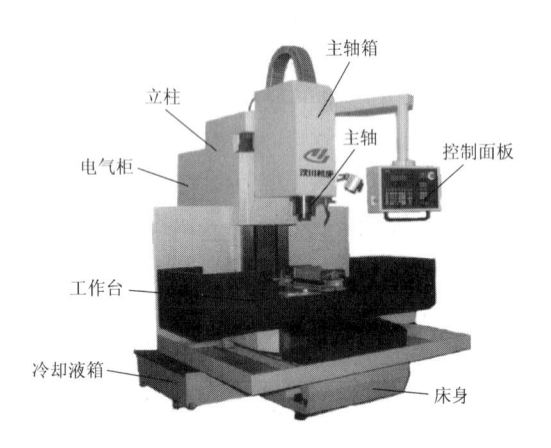

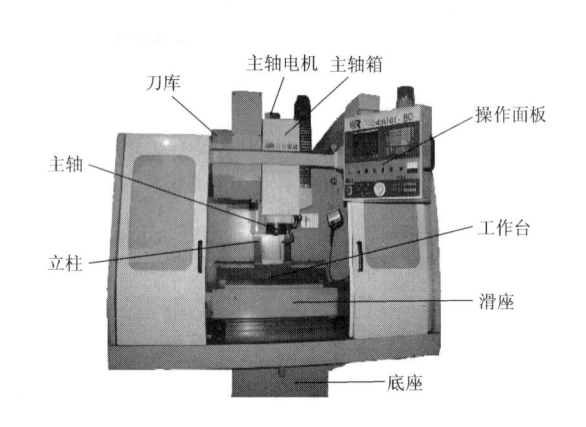

图 6.29　数控铣床主要组成部件

6.3.3　数控铣床各主要组成部件的结构、功能以及传动系统

1. 数控铣床主要功能及加工对象

（1）数控铣床主要功能。数控铣床配置不同，功能也不同，但以下主要功能基本都具备。

1）直线插补：完成数控铣削加工所应具备的基本功能之一，可分为平面直线插补、空间直线插补、逼近直线插补等。

2）圆弧插补：完成数控铣削加工所应具备的基本功能之一，可分为平面圆弧插补、逼近圆弧插补等。

3）固定循环：固定循环是指系统所做的固化的子程序，并通过各种参数适应不同的加工要求，主要用于实现一些具有典型性的需要多次重复的加工动作，如各种孔、内外螺纹、沟槽等的加工。使用固定循环可以有效地简化程序的编制。

4）刀具补偿：一般包括刀具半径补偿、刀具长度补偿、刀具空间位置补偿功能等。

5）镜像、旋转、缩放、平移：通过机床数控系统对加工程序进行上述处理，控制加工，从而简化程序编制。

6）自动加减速控制：该功能使机床在刀具改变运动方向时自动调整进给速度，保持正常而良好的加工状态，避免造成刀具变形、工件表面受损、加工过程速度不稳等情形。

7) 数据输入输出及 DNC 功能：数控铣床一般通过 RS232C 接口进行数据的输入及输出，包括加工程序和机床参数等。当执行的加工程序超过存储空间时，就应当采用 DNC 加工，即外部计算机直接控制数控铣床进行加工。

8) 子程序功能：对于需要多次重复的加工动作或加工区域，可以将其编成子程序，在主程序需要的时候调用它，并且可以实现子程序的多级嵌套，以简化程序的编写。

9) 自诊断功能：自诊断是数控系统在运转中的自我诊断，它是数控系统的一项重要功能，对数控机床的维修具有重要的作用。

（2）数控铣床主要加工对象。

1) 平面类零件。

2) 加工面平行、垂直于水平面或与水平面成定角的零件称为平面类零件，这一类零件的特点是：加工单元面为平面或可展开成平面。其数控铣削相对比较简单，一般用两坐标联动就可以加工出来。

3) 曲面类零件。

4) 加工面为空间曲面的零件称为曲面类零件，其特点是加工面不能展开成平面，加工中铣刀与零件表面始终是点接触示。

5) 变斜角类零件。

6) 加工面与水平面的夹角呈连续变化的零件称为变斜角类零件，以飞机零部件常见。其特点是加工面不能展开成平面，加工中加工面与铣刀周围接触的瞬间为一条直线。

7) 孔及螺纹。

8) 采用定尺寸刀具进行钻、扩、铰、镗及攻丝等，一般数控铣都有镗、钻、铰功能。

6.3.4 数控铣床操作面板上各个按键的功用

数控铣床的操作面板由机床控制面板和数控系统操作面板两部分组成，如图 6.30 所示。

1. 数控系统操作面板

数控系统操作面板由显示屏和 MDI 键盘两部分组成，其中显示屏主要用来显示相关坐标位置、程序、图形、参数、诊断、报警等信息，而 MDI 键盘包括字母键、数值键以及功能按键等，可以进行程序、参数、机床指令的输入及系统功能的选择。详细介绍参见表 6.1。

2. 机床控制面板

机床控制面板上的各种功能键可执行简单的操作，直接控制机床的动作及加工过程，一般有急停、模式选择、轴向选择、切削进给速度调整、主轴转速调整、主轴的起停、程序调试功能及其他 M、S、T 功能等，其详细说明参见表 6.1。

6.3.5 数控铣床基本操作

1. 开机

打开外部电源开关，启动机床电源，将操作面板上的紧急停止按钮右旋弹起，按下操作面板上的电源开关，若开机成功，显示屏显示正常，无报警，机床回原点。开机后的首要工作是回机床原点。

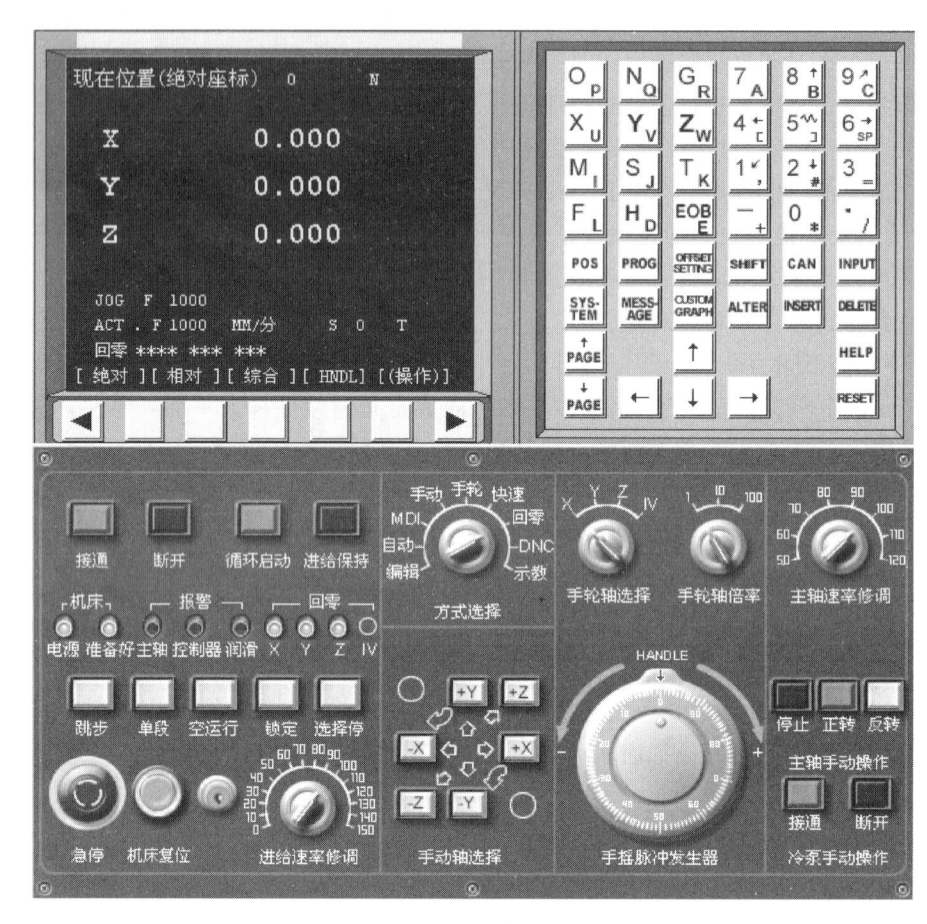

图 6.30 数控铣床控制面板

表 6.1　　　　　　　　　　　　　　Fanuc 系统面板功能键

英文标识	按键	用 途 说 明
POS 位置键	POS	用于显示位置界面。在屏幕（CRT）上显示刀具现在位置，可以用机床坐标系、工件坐标系、增量坐标及刀具运动中距指定位置剩余的移动量等四种不同的方式表示
PROG 程序键	PROG	用于显示程序界面。在编辑方式下，编辑和显示在内存中的程序，可进行程序的编辑、检索及通信；在 MDI 方式，可输入和显示 MDI 数据，执行 MDI 输入的程序；在自动方式可显示运行的程序和指令值进行监控
OFFSET SETTING 偏置/设置键	OFFSET SETTING	用于显示偏置/设置（SETTING）界面。刀具偏置量设置和宏程序变量的设置与显示；工件坐标系设定页面；刀具磨损补偿值设定页面等
SYSTEM 系统键	SYSTEM	用于显示系统界面。设定和显示运行参数表，这些参数供维修使用，一般禁止改动；显示自诊断数据

续表

英文标识	按键	用途说明
MESSAGE 信息键	MESSAGE	用于显示信息界面。按此键显示报警信息等
CUSTOM GRAPH 图形显示键	CUSTOM GRAPH	用于显示宏程序界面和图形显示界面
SHIFT 换档键	SHIFT	在该 MDI 键盘上有些键具有两个功能，按下 SHIFT 键可以在这两个功能之间进行切换，当一个键右下角的字母可被输入时，就会在屏幕上显示一个特殊的字符 E
CAN 取消键	CAN	按下此键，删除上一个输入的字符或字母
INPUT 输入键	INPUT	当按下一个字母键或者数字键时，再按该键，数据被输入到缓存区，并且显示在屏幕上，要将输入缓存区的数据拷贝到偏置寄存器，请按下这个键，它与软键上的［INPUT］键是等效的
ALTER 替换键	ALTER	编辑时在程序中光标指示位置替换字符
INSERT 插入键	INSERT	编辑时在程序中光标指示位置插入字符
ALTER 替换键	ALTER	编辑时在程序中光标指示位置替换字符
PAGE 上翻页键	PAGE ↑	用于在屏幕上显示当前屏幕界面的前一页的界面
PAGE 上翻页键	PAGE ↓	用于在屏幕上显示当前屏幕界面的后一页的界面
HELP 帮助键	HELP	当对 MDI 键的操作不明白时，按下这个键可以获得帮助
RESET 复位键	RESET	用于解除报警，程序复位
CUROR 光标移动键	↑←→↓	按下此键时，光标按箭头所示方向移动

检查坐标值，保证 X、Y 均在相对坐标 −30 以下。若不符合要求，则选择手动操作模式，利用手轮将 X、Y、Z 的机械坐标值移动到符合要求为止。

在回原点模式下，按住各轴按键回零。先回 Z 轴，再回 X、Y 轴，否则可能发生碰撞。

机床控制面板功能键介绍见表 6.2。

表 6.2　　　　　　　　　　　机床控制面板功能键

按钮	名称	功能说明
方式选择	编辑	旋钮打至该位置后，系统进入程序编辑状态
	自动	系统进入自动加工模式
	MDI	系统进入 MDI 模式，手动输入并执行指令
	手动	机床处于手动模式，连续移动
	手轮	机床处于手轮控制模式
	快速	机床处于手动快速状态
	回零	机床处于回零模式
	DNC	机床处于在线加工模式输入输出资料
	示教	机床处于示教模式
接通	接通	接通电源
断开	断开	关电源
循环启动	循环启动	程序运行开始；系统处于"自动运行"或"MDI"位置时按下有效，其余模式下使用无效
进给保持	进给保持	程序运行暂停，在程序运行过程中，按下此按钮运行暂停。按"循环启动"恢复运行
跳步	跳步	此按钮被按下后，数控程序中的注释符号"/"有效
单段	单段	此按钮被按下后，运行程序时每次执行一条数控指令
空运行	空运行	点击该按钮后系统进入空运行状态

续表

按钮	名称	功能说明
	机床锁定	锁定机床
	选择停	此按钮被按下后,"M01"代码有效
	机床复位	复位机床（部分机床无此功能）
	急停按钮	按下急停按钮，使机床移动立即停止，并且所有的输出如主轴的转动等都会关闭
	X正方向按钮	点击该按钮，机床将向X轴正方向移动
	X负方向按钮	点击该按钮，机床将向X负方向移动
	Y正方向按钮	点击该按钮，机床将向Y正方向移动

2. 程序的输入

程序的输入有多种形式，可通过手动数据输入方式（编辑模式）或R232通信接口将加工程序输入机床。

3. 程序调试

程序的调试是在数控铣床上运行该程序，根据机床的实际运动位置、动作以及机床的报警等来检查程序是否正确。一般可以采用以下方式：

（1）机床的程序预演功能。程序输入完后，把机械运动、主轴运动以及M、S、T等辅助功能锁定，在自动循环模式下让数控铣床静态地执行程序，通过观察机床坐标位置数据和报警显示判断程序是否有语法、格式或数据错误。

（2）抬刀运行程序。向+Z方向平移工件坐标系，在自动循环模式下运行程序，通过图形显示的刀具运动轨迹和坐标数据等判断程序是否正确。

4. 程序运行

确定程序及加工参数正确无误后，选择自动加工模式，按下数控启动键运行程序，对工件进行自动加工。

（1）程序运行方式。常见的程序运行方式有全自动循环、机床空运转循环、单段执行循环、跳段执行循环等。

（2）注意事项。在程序运行时应注意以下问题：

1）程序运行前要作好加工准备，遵守安全操作规程，严格执行工艺规程。

2）正确调用及执行加工程序。

3）在程序运行过程中，适当调整主轴转速和进给速度，并注意监控加工状态，随时注意中断加工。

（3）程序执行完毕后，返回到设定高度，机床自动停止，松开夹具，卸下工件，用相应测量工具进行检测，检查是否达到加工要求。

5. 数控铣削加工零件的检测

数控铣削加工零件的检测，一般常规尺寸仍可使用普通的量具进行测量，如游标卡尺、内径百分表等，也可以采用投影仪测量；而高精度尺寸、空间位置尺寸、复杂轮廓和曲面的检验则只有采用三坐标测量机才能完成。

6.3.6 常用编程指令

本节主要介绍一些常用的准备功能指令和辅助功能指令。在不同的数控系统中，这些指令的使用格式基本相同。但特殊情况下，在不同的数控系统中一些指令的使用格式也存在差异。因此，在实际编程时，需要按照机床编程手册中要求的格式正确使用指令。

6.3.6.1 准备功能指令

准备功能字的地址符是 G，所以又称为 G 功能、G 指令或 G 代码。它的作用是建立数控机床工作方式，为数控系统的插补运算、刀补运算、固定循环等作好准备。

G 指令中的数字一般是从 00 到 99。但随着数控系统功能的增加 G00～G99 已不够使用，所以有些数控系统的 G 功能字中的后续数字已采用三位数。根据国际标准 ISO 1056－1975，我国制定了《数控机床穿孔纸带程序段格式中的准备功能 G 和辅助功能 M 代码》（JB 3208－83）标准，其中规定了 G 指令（G00～G99）的含义，见表 6.3。

表 6.3　　　　　　　　　　准 备 功 能 G 代 码

代码	功　　能	代码	功　　能
G00	点定位	G18	ZX 平面选择
G01	直线插补	G19	YZ 平面选择
G02	顺时针圆弧插补	G20～G32	不指定
G03	逆时针圆弧插补	G33	螺纹切削，等螺距
G04	暂停	G34	螺纹切削，增螺距
G05	不指定	G35	螺纹切削，减螺距
G06	抛物线插补	G36～G39	永不指定
G07	不指定	G40	刀具补偿/刀具偏置注销
G08	加速	G41	刀具补偿-左
G09	减速	G42	刀具补偿-右
G10～G16	不指定	G43	刀具偏置-正
G17	XY 平面选择	G44	刀具偏置-负

续表

代码	功 能	代码	功 能
G45	刀具偏置+/+	G62	快速定位3（粗）
G46	刀具偏置+/-	G63	攻螺纹
G47	刀具偏置-/-	G64~G67	不指定
G48	刀具偏置-/+	G68	刀具偏置，内角
G49	刀具偏置0/+	G69	刀具偏置，外角
G50	刀具偏置0/-	G70~G79	不指定
G51	刀具偏置+/0	G80	固定循环注销
G52	刀具偏置-/0	G81~G89	固定循环
G53	直线偏移，注销	G90	绝对尺寸
G54	直线偏移 X	G91	增量尺寸
G55	直线偏移 Y	G92	预置寄存
G56	直线偏移 Z	G93	时间倒数，进给率
G57	直线偏移 XY	G94	每分钟进给
G58	直线偏移 XZ	G95	主轴每转进给
G59	直线偏移 YZ	G96	恒线速度
G60	准确定位1（精）	G97	每分钟转数（主轴）
G61	准确定位2（中）	G98~G99	不指定

根据代码功能范围的不同，G代码可以分为模态和非模态两种。模态代码具有续效性，在后续的程序段中，一直保持到出现同组其他G代码为止。非模态代码不能续效，只在所出现的程序段中有效，下一个程序段需要时，必须重新写出。在表2.2中，若第二栏内标有字母，则表示对应的G指令为模态指令；否则为非模态指令。模态指令按其功能的不同可分为若干组。字母相同的模态指令为一组。

不同组的G代码，在同一程序段中可指定多个。如果在同一程序段中指定了两个或两个以上同组的模态指令，则只有最后的G代码有效。如果在程序中指定了G代码表中没有列出的G代码，则系统显示报警。

6.3.6.2 状态设置指令

（1）绝对尺寸指令G90和增量尺寸指令G91。G90表示程序段中给出的刀具运动坐标尺寸为绝对坐标值，即相对于坐标原点给出的坐标值。G91表示程序段中给出的刀具运动坐标尺寸为增量坐标值，即相对于起始点的坐标增量值。G90和G91为一组模态指令，可互相取代。

如图6.31所示，若刀具从A点沿直线运动到B点，则用绝对值编程时，程序段如下：

N10 G90 G01 X30 Y5

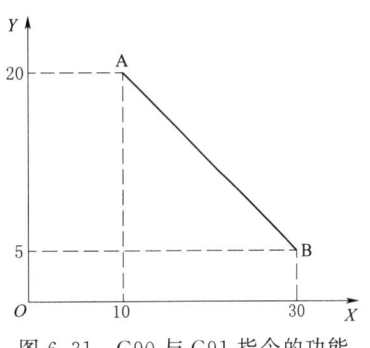

图6.31 G90与G91指令的功能

用增量值编程时，程序段如下：

N10 G91 G01 X20 Y-15

（2）坐标平面选择指令 G17、G18、G19。用来选择圆弧插补和刀具补偿平面，如图 6.32 所示。其中 G17：XY 平面；G18：ZX 平面；G19：YZ 平面。

（3）英制和米制输入指令 G20、G21，机床出厂前一般设定为 G21 状态，在一个程序内，不能同时使用 G20 或 G21 指令。

在图 6.33 所示，当刀具处于当前所在位置时，能够借助工件坐标系选择指令 G54～G59 来构建坐标系。这 6 个预先设定好的工件坐标系，其原点在机床坐标系中的具体数值，也就是工件零点偏置值，可以通过 MDI 模式予以输入，随后系统会自动对这些数据进行存储记忆。一旦确定了某个工件坐标系，那么在后续的程序段里，当采用绝对值编程方式时，相关指令所对应的数值均是相对于该选定工件坐标系原点的数值。需要注意的是，G54～G59 属于模态功能，彼此之间能够相互注销。其指令格式分别为 G54、G55、G56、G57、G58、G59。

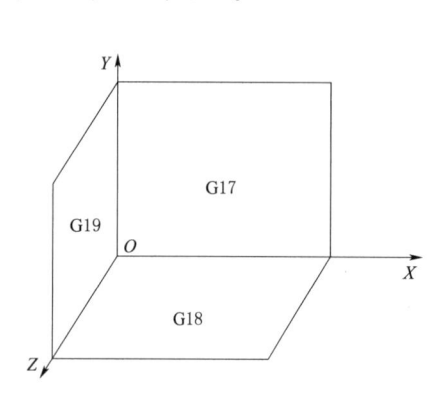

图 6.32　坐标平面选择指令　　　　图 6.33　工件坐标系的建立

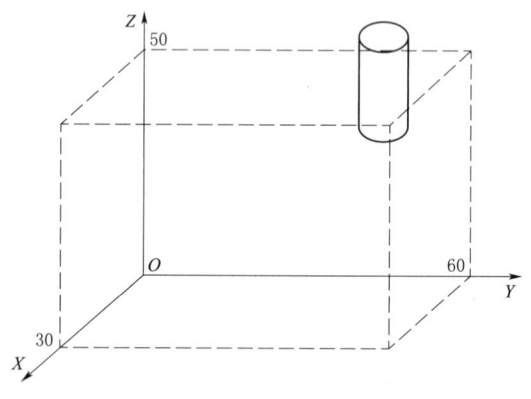

6.3.6.3　刀具移动指令

1. 快速定位指令 G00

快速定位指令 G00 控制刀具以点位控制的方式快速移动到目标位置，其运动速度由系统参数设定。指令执行过程中，刀具沿各个坐标轴方向同时按参数设定的速度移动，最后减速到达终点。G00 为模态指令。

指令格式：G00 X_ Y_ Z_ ；其中 X、Y、Z 是快速定位的终点坐标值。

（1）G00 为模态指令，与 G01、G02、G03 等指令同组。

（2）G00 移动过程中的速度由系统参数设定，不能用 F 指令设定。

（3）在平面内移动时，当两进给轴移动速度相同时，刀具先按 45°方向移动，再沿另外一个坐标轴移动。

（4）使用 G00 指令时要检查是否会有干涉，不可发生碰撞事故。

2. 直线插补指令 G01

G01 指令刀具按给定的进给速度 F 进行直线插补运动。指令格式：G01 X_ Y_ Z_ F_ 其中 X、Y、Z 是直线插补的终点坐标值，F 为进给速度。G01 和 F 均为模态指令。

可以通过在 G01 指令前加 G90 或 G91 来实现绝对值或增量值编程。

3. 圆弧插补指令 G02、G03

G02 为顺时针圆弧插补指令，G03 为逆时针圆弧插补指令。

指令格式：G02/G03 $X\_Y\_I\_J\_(R)\_F\_$

其中，X、Y、Z 为圆弧插补的终点坐标值。I、J、K 为圆弧圆心相对于起点沿 X、Y、Z 方向的坐标增量值，R 为圆弧半径。

注意事项：

（1）I、J、K 指圆弧圆心相对于起点的坐标增量值，与 G90 和 G91 无关。

（2）用 R 编程时，当 0°＜圆心角≤180°，R 为正；当 180°＜圆心角＜360°，R 为负；整圆编程不能用 R 指令。

（3）同时编入 R 与 I、J、K 时，R 有效。

（4）G02、G03 为模态指令，与 G00、G01 等指令同组。

6.3.6.4 循环加工指令

1. 自动返回参考点指令 G28

执行 G28 指令，使各轴快速移动，分别经过指令的点返回到参考点定位。在使用 G28 指令时，必须先取消刀具半径补偿，而不必先取消刀具长度补偿，因为 G28 指令包含刀具长度补偿取消、主轴停止、切削液关闭等功能。故 G28 指令一般用于自动换刀。

程序格式：G91 G28 X0 Y0 Z0；

2. 固定循环的指定

指令格式为：G17 G90(G91) G99(G98) G73(～G89) $X\_Y\_Z\_R\_Q\_P\_F\_K\_$。

式中：

（1）定位平面由 G17、G18 或 G19 决定，立式加工中心常用 G17。以下指令均用 G17 说明。

（2）返回点平面选择指令 G98、G99：由 G98、G99 决定刀具在返回时达到的平面，G98 指令返回到初始平面，G99 指令返回 R 点平面。

一般地，如果被加工的孔在一个平整的平面上，我们可以使用 G99 指令，因为 G99 模态下返回 R 点进行下一个孔的定位，而一般编程中 R 点非常靠近工件表面，这样可以缩短零件加工时间，但如果工件表面有高于被加工孔的凸台或筋时，使用 G99 时非常有可能使刀具和工件发生碰撞，这时，就应该使用 G98，使 Z 轴返回初始点后再进行下一个孔的定位，这样就比较安全。

（3）孔加工方式，主要指 G73、G74，G76、G81～G89 等，模态变量。

（4）孔位数据：X、Y 为孔位置坐标（G17 定位平面）。

（5）孔加工数据（模态变量）。

Z：在 G90 时，Z 值为孔底的绝对坐标值，在 G91 时，Z 是 R 平面到孔底的增量距离。从 R 平面到孔底是按 F 代码所指定的速度进给。

R：在 G91 时，R 值为从初始平面到 R 点的增量距离；在 G90 时，R 值为绝对坐标值，此段动作是快速进给的。

Q：在 G73 或 G83 方式中，规定每次加工的深度，以及在 G87 方式中规定移动值。Q 值一律是无符号增量值

P：孔底暂停时间，用整数表示，以 ms 为单位

F：进给速度，mm/min，攻螺纹时为 $F=S\times T$，S 为主轴转速，T 为螺距。

（6）重复次数（非模态变量）。

K：K 为 0 时，只存储数据，不加工孔。在 G91 方式下，可加工出等距孔。

若正在执行固定循环的过程中 NC 系统被复位，则孔加工模态、孔加工参数及重复次数 K 均被取消。

3. 高速深孔钻孔循环指令 G73

对于孔深大于 5 倍直径孔的加工由于是深孔加工，不利于排屑，故采用间断进给，每次进给深度为 Q，最后一次进给深度不小于 Q，退刀量为 d，直到孔底为止。

程序格式：G73 X_Y_Z_R_Q_F_K_；

式中 XY 为孔的位置，Z 为孔底位置，R 为参考平面位置，Q 为每次加工的深度，d 为排屑退刀量，由系统参数设定。其动作过程，如图 6.34 所示。

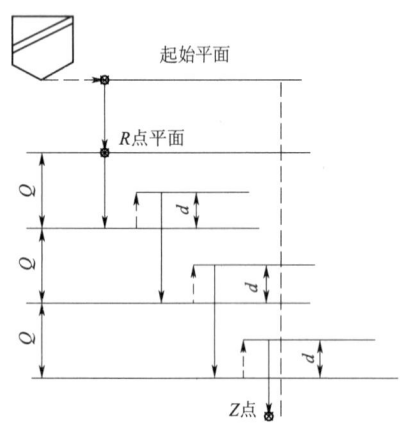

图 6.34 G73 循环指令动作过程

4. 深孔往复排屑钻孔循环指令 G83

程序格式：G83 X_Y_Z_R_Q_F_K_。

该循环用于深孔加工，孔加工动作如图所示，Q 和 d 与 G73 循环中的含义。相同，与 G73 略有不同的是每次刀具间歇进给后，快速退回到 R 点平面，有利于深孔加工中的排屑。

5. 钻孔循环指令 G81

G81 用于一般的钻孔。

程序格式：G81 X-Y-Z-R-F-K-。

6. 精镗孔循环指令 G76

该循环用于镗削精密孔。

程序格式：G76 X_Y_Z_R_Q_P_F_K_。

孔加工动作如图所示，Q 表示刀具的移动量，移动方向由参数设定。在孔底，主轴在定向位置停止，切削刀具离开工件的被加工表面并返回，这样可以高精度、高效率地完成孔加工而不损伤工件表面。

其动作过程，如图 6.35 所示。

7. 攻左螺纹循环 G74 与攻右螺纹循环 G84

程序格式：G74(G84) X_Y_Z_R_P_F_K_。

8. 取消固定循环 G80

G80 指令被执行以后，固定循环（G73、G74、G76、G81～G89）被该指令取消，R 点和 Z 点的参数以及除 F 外的所有孔加工参数均被取消。另外 01 组的 G 代码也会起到同样的作用。

6.3.6.5 辅助功能指令

辅助功能指令主要用于对机床主轴的正反转，冷却液的开关，工件的夹紧、松开等。

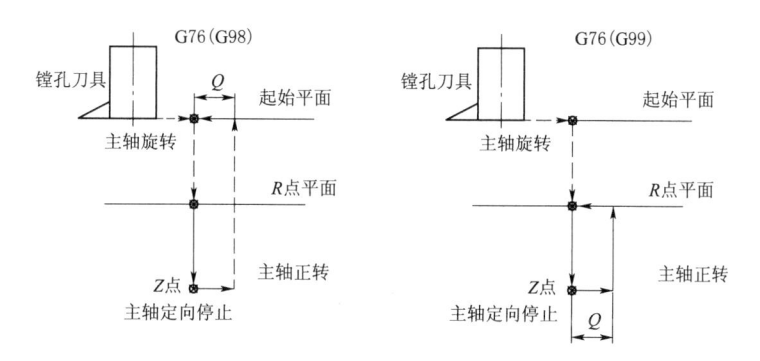

图 6.35　G76 循环指令动作过程

辅助功能字由地址符 M 和其后的两位数字组成，从 M00 到 M99 共 100 种，其功能见表 6.4。

表 6.4　　　　　　　　　　　辅 助 功 能 M 代 码

代码	功　　　能	代码	功　　　能
M00	程序停止	M36	进给范围 1
M01	计划停止	M37	进给范围 2
M02	程序结束	M38	主轴速度范围 1
M03	主轴顺时针方向	M39	主轴速度范围 2
M04	主轴逆时针方向	M40～M45	不指定/齿轮换挡
M05	主轴停止	M46～M47	不指定
M06	换刀	M48	注销 M49
M07	2 号切削液开	M49	进给率修正旁路
M08	1 号切削液开	M50	3 号切削液开
M09	切削液关	M51	4 号切削液开
M10	夹紧	M52～M54	不指定
M11	松开	M55	刀具直线位移，位置 1
M12	不指定	M56	刀具直线位移，位置 2
M13	主轴顺时针方向切削液开	M57～M59	不指定
M14	主轴逆时针方向切削液开	M60	更换工件
M15	正运动	M61	工件直线位移，位置 1
M16	负运动	M62	工件直线位移，位置 2
M17～M18	不指定	M63～M70	不指定
M19	主轴定向停止	M71	工件角度移位，位置 1
M20～M29	永不指定	M72	工件角度移位，位置 2
M30	纸带结束	M73～M89	不指定
M31	互锁旁路	M90～M99	永不指定
M32～M35	不指定		

6.3.7 零件加工参数及参考程序

被加工零件如图 6.36 所示，工件厚度为 5mm，ϕ25mm 的孔和工件的外轮廓已粗加工过，周边留了 3mm 余量，要求精加工 ϕ25mm 的孔和工件的外轮廓，单件生产，材料铸铝。

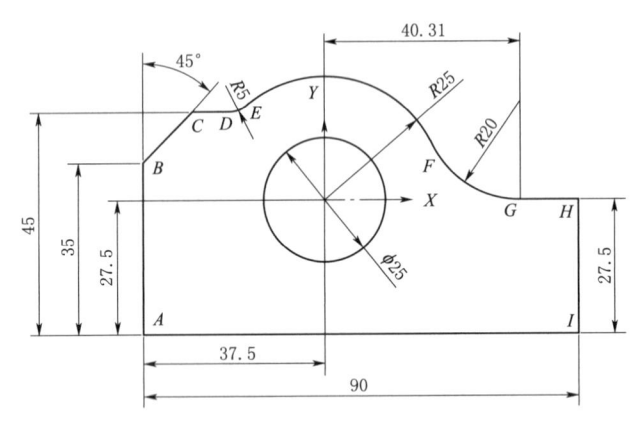

图 6.36 零件图

1. 确定工艺方案及工艺参数

以底面和 ϕ25 为定位基准，对刀点选在 ϕ25 孔的中心点上，加工刀具采用 ϕ12 的平底立铣刀，先加工 ϕ25 的孔后加工工件外轮廓，加工外轮廓路线顺序：按照 ABCDEFGH 线路进行铣削，加工工艺参数均为 S1000r/min，F50mm/min，需加切削液。

2. 数学处理

建立工件坐标系，选 ϕ25 孔中心点为工件的坐标原点，Z 轴原点为工件的上表面，在此坐标系中，A、B、C 与 G、H 各点的坐标可从图纸中直接得到，其中 D、E、F 点的坐标计算结果如下：D（−19.84，17.5）、E（−16.54，18.75）、F（22.4，11.11）、G（40.31，0）。

3. 进刀方法及起刀点坐标

在工件 BA 线的延长线切入，故起刀点坐标为（−50，−37.5，100），加工坐标系设定为 G54，安全平面为 Z10 平面。

4. 编写程序

加工 ϕ25 孔的参考程序：

```
O0001；
N10 G54 G90 G21 G40 G80 G00 X0 Y0 Z100 F100；  //系统初始化,刀具快速移动至坐标系中心上方；
N20 G00 Z10 S1000 M03；                         //刀具降至安全平面,主轴开启；
N30 G01 G41 X12.5 D01 M08；                     //刀具半径左补偿,移动至加工起始点；
N40 Z-5 F50；                                   //刀具下切深度至尺寸要求；
N50 G03 I-12.5 F100；                           //铣整圆；
N50 G00Z10；                                    //加工完毕,抬刀至安全平面；
N60 G40 X0 Y0 M09；                             //取消刀补,关闭切削液；
```

N60 Z100;   //抬刀；
N70 M30;   //程序执行结束。

加工外轮廓的参考程序：

O0002;
N10 G54 G90 G21 G40 G80 G00 X0 Y0 Z100 F100; //系统初始化,刀具快速移动至坐标系中心上方；
N20 G00 X-50 Y-40 S1000 M03;   //刀具快速移动至加工起始点,主轴正转,转速 1000r/min；
N30 Z10;   //降至安全平面；
N40 G41 G0 X-27.5 Y37.5 D01 M08;   //刀具半径左补偿,移动至零件外形加工起点A；
N50 G01 Z-5;   //刀具下切深度至尺寸要求；
N60 Y7.5;   //刀具直线切削至B点；
N60 X27.5 Y17.5;   //刀具切削至C点；
N70 X-19.84;
N80 G03 X-16.54 Y18.75 R5;   //刀具直线切削至D点；
N90 G02 X22.4 Y11.11 R25;   //顺时针加工R25圆弧至E点；
N100 G03 X40.31 Y0 R20;   //逆时针加工R20圆弧至F点；
N110 G01 X52.5;   //刀具直线切削至G点；
N120 Y-27.5;   //刀具直线切削至H点；
N130 X-37.5;   //刀具直线切削至A点,轮廓加工结束；
N140 G00 Z10;   //提刀至安全平面；
N150 G00 G40 X-50 Y-40 M09;   //取消刀补,快速返回加工起始位置；
N1650 Z100.0;
N170 M30;   //程序结束。

6.4 铣床安全操作规程

1. 普通铣床安全操作规程

(1) 进入实验室要穿合身的工作服、戴工作帽，衬衫要系入裤内，敞开式衣袖要扎紧，女同学必须把长发纳入帽内。

(2) 禁止穿高跟鞋、拖鞋、凉鞋、裙子、短裤及戴围巾，以免发生烫伤。

(3) 操作时禁止戴手套，工作服衣领、袖口要系好。

(4) 装夹工件必须牢靠，不得有松动现象，所用扳手必须符合标准规格。

(5) 在机床上装卸和测量工件、紧固刀具、调整机床时，必须停车、移开刀具才能进行。

(6) 主轴变速时必须将机床停稳。

(7) 工作台上不得放置工、量具及其他物件，切削中操作者的头、手不得接近铣刀和铣削面。

(8) 严禁用手触摸或用棉纱、毛刷擦拭正在转动的刀具、工件和机床的传动部位，清除铁屑时只允许用毛刷，禁止用嘴吹。

(9) 慢速对刀，接近工件时，必须手动进刀，严禁自动快速进刀。正在切削时，不准停车或使用快速，快速进刀时，应注意手柄伤人。

（10）不准在两个方向同时使用自动手柄。

（11）切削不能过猛，自动走刀必须拉脱工作台上的手轮；不准突然改变进刀速度，有限位块应预先调整好。

（12）两人或两人以上在同一台机床上工作时，必须有一人负责安全，只能一人操作，严禁两人同时操作，开车前必须先打招呼，防止发生事故。

（13）操作时不准离开机床，如有事离开，必须停车。

（14）操作结束，应切断电源、清除切屑、擦洗机床、加润滑油，将机床各部件调整到正常位置。

2. 数控铣床安全操作规程

（1）检查电源、按钮、接地、润滑系统、空气压缩机气压是否正常。

（2）打开电器总开关，然后打开系统电源，启动数控系统，等自检完毕后进行机床复位。

（3）手动进行机床回零操作，回零时必须使 Z 轴先回零，然后使 X 轴、Y 轴回零，以免发生撞刀事故。

（4）选用合适的工装夹具，牢固装夹工件。

（5）将刀柄和刀具擦拭干净，安装刀具。

（6）输入程序，认真检查程序，确保程序的正确性。

（7）按手动操作按钮，采用试切法、寻边器等方法进行对刀，设定工件坐标系。

（8）进行机床空运行，空运行时必须将 Z 向提高一个安全高度，直至空运行正常。

（9）在编辑状态下调出要加工的程序，按工件材料选用合理的切削速度和进给量，关闭机床防护罩，然后按自动运行按钮，启动程序，进行加工。

（10）工作完毕后，打扫机床及场地，并做好设备维护保养工作，作好记录，再关闭 NC 系统，切断电源。

数控加工中心简介

【练 习 题】

1. 铣削可以加工哪些表面？一般加工能达到几级精度和粗糙度？
2. 一般铣削有哪些运动？
3. 请简述卧式万能铣床的主要结构和作用。
4. 立式铣床和卧式铣床的区别在哪里？
5. 带柄铣刀和带孔铣刀应如何安装？直柄铣刀与锥柄铣刀的安装有何不同？
6. 什么叫顺铣和逆铣？如何选择？
7. 试述铣削工件的平面时，影响其表面铣削质量有哪些因素？简述数控铣床主要组成部件及其功能。

8. 简述数控铣床的主要功能及加工对象。

9. 常用数控铣床坐标轴有哪些，方向如何？

10. 按照图 6.37 所示尺寸，编写数控加工程序，材料铝合金，其他参数合理自定。

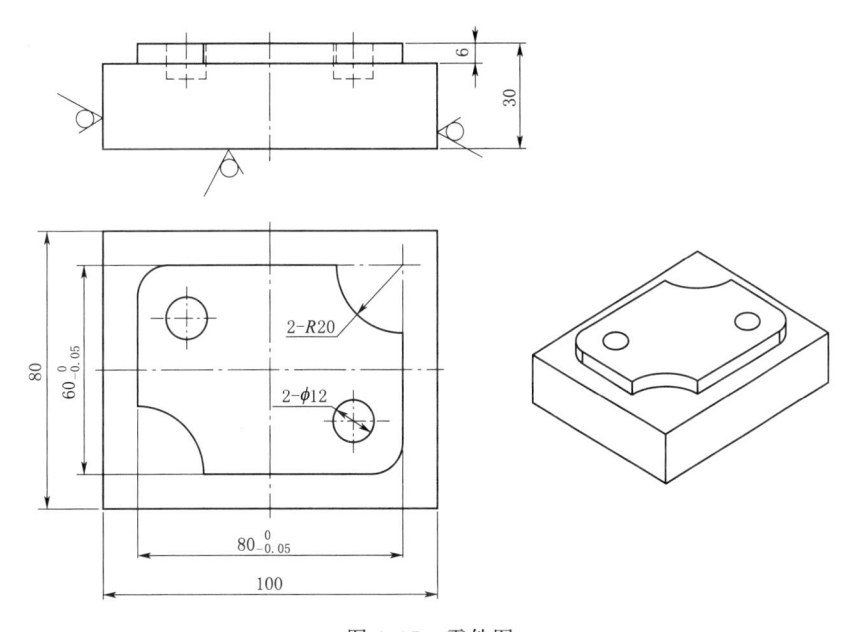

图 6.37 零件图

第 7 章

电 火 花 加 工

7.1 电火花加工机床

数控电火花加工机床,属电加工范畴。电火花加工机床(EDM)是一种利用电火花放电原理进行材料去除的精密加工设备。其工作原理是通过电极与工件之间产生的高频脉冲电流,产生电火花使工件表面材料熔化和蒸发,从而实现加工。电火花机床主要分为线切割电火花机、模具电火花机和电极放电机。线切割电火花机通过细金属丝进行切割,适用于加工复杂的二维形状;模具电火花机使用特定形状的电极逐步去除材料,适用于制造模具和型腔;电极放电机则用于在硬质材料中钻孔。电火花加工机床具有高精度、能够加工硬度极高的材料以及适合复杂形状加工的优点,但其加工速度较慢且成本较高。电火花机床广泛应用于模具制造、工具制造和高精度零件加工领域。

1943 年,由苏联学者拉扎连柯夫妇研究开关触点遭受火花放电腐蚀损坏的现象和原因时,发现电火花的瞬时高温可以使局部的金属熔化、气化而被腐蚀掉,从而开创和发明了电火花加工方法,即用铜丝在淬火钢上加工小孔,用软的工具加工任何硬度的金属材料,首次摆脱了传统的切削方法,直接利用电能和热能去除金属。

20 世纪 60 年代初期,我国研制成功靠模仿型电火花线切割加工设备,能够切割尺寸精小、形状复杂、材料特殊的冲模和零件。20 世纪 70 年代中期,电火花线切割加工技术,已经成为我国冲模和一些零件加工的极为有效的加工方法之一。带有间隙偏移、齿隙补偿、切割斜度等功能的设备多种多样,并不断完善。自 1970 年 9 月由第三机械工业部所属国营长风机械总厂研制成功"数字程序自动控制线切割机床"。

7.2 电火花加工简介

1. 电火花线加工的特点

(1) 由于脉冲放电的能量密度高,使其便于加工用普通的机械加工难以加工或无法加工的特殊材料和复杂形状的零件,并不受材料及热处理状况的影响。

(2) 电火花加工时,工具电极与工件材料不接触,两者之间宏观作用力极小,工具电极不需要比加工材料硬,即可以柔克刚,故电极制造更容易。

2. 电火花加工的应用

电火花加工常用于模具的制造过程中,能加工各种高硬度、高强度、高韧性和高脆性的导电材料，如淬火钢、硬质合金等。加工时，钼丝与工件始终不接触，有 0.01mm 左右的间隙，几乎不存在切削力；能加工各种冲模、凸轮、样板等外形复杂的精密零件及窄缝等；尺寸精度可达 0.02～0.01mm，表面粗糙度 Ra 值可达 $1.6\mu m$。

3. 实现电火花加工的条件

（1）工具电极和工件电极之间必须加以 60～300V 的脉冲电压，同时还需维持合理的工作距离—放电间隙。大于放电间隙，介质不能被击穿，无法形成火花放电；小于放电间隙，会导致积炭，甚至发生电弧放电，无法继续加工。

（2）两极间必须放具有一定绝缘性能的液体介质。一般用煤油作为工作液。

（3）输送到两极间的脉冲能量应足够大。即放电通道要有很大的电流密度，一般为 $10^4 \sim 10^9 A/cm^2$。

（4）放电必须是短时间的脉冲放电。一般放电时间为 $1\mu s \sim 1ms$。这样才能使放电产生的热量来不及扩散，从而把能量作用局限在很小的范围内，保持火花放电的冷极特性。

（5）脉冲放电需要多次进行，并且多次脉冲放电在时间上和空间上是分散的，避免发生局部烧伤。

（6）脉冲放电后的电蚀产物应能及时排放至放电间隙之外，使重复性放电能顺利进行。

7.3 电火花线切割加工原理

数控电火花线切割加工是电火花加工的一种。线切割加工是线电极电火花加工的简称，其基本原理如图 7.1 所示。被切割的工件作为工件电极，钼丝作为工具电极，脉冲电源发出一连串的脉冲电压，加到工件电极和工具电极上。钼丝与工件之间施加足够的具有一定绝缘性能的工作液。当钼丝与工件的距离小到一定程度时，在脉冲电压的作用下，工作液被击穿，在钼丝与工件之间形成瞬间放电通道，产生瞬时高温，使金属局部熔化甚至汽化而被蚀除下来。若工作台带动工件不断进给，就能切割出所需要的形状。由于贮丝筒带动钼丝交替作正、反向的高速移动，所以钼丝基本上不被蚀除，可使用较长的时间。线切割机床程序输入方法有三种：键盘输入，穿孔纸带输入和磁盘输入。

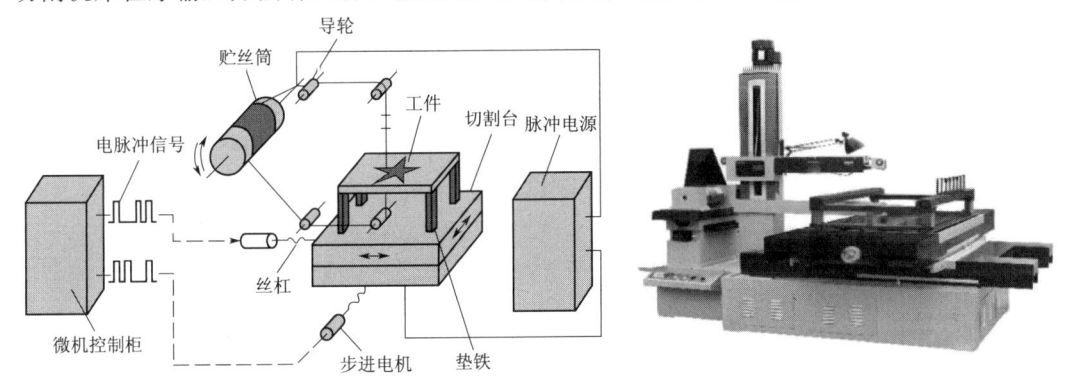

图 7.1 线切割加工原理

数控电火花成型加工是电火花加工的一种，其基本原理如图7.2所示。

被加工的工件作为工件电极，紫铜（或其他导电材料如石墨）作为工具电极。脉冲电源发出一连串的脉冲电压，加到工件电极和工具电极上，此时工具电极和工件均被淹没在具有一定绝缘性能的工作液（绝缘介质）中。在轴伺服系统的控制下，当工具电极与工件的距离小到一定程度时，在脉冲电压的作用下，两极间最近点处的工作液（绝缘介质）被击穿，工具电极与工件之间形成瞬时放电通道，产生瞬时高温，使金属局部熔化甚至汽化而被蚀除下来，使局部形成电蚀凹坑。这样以很高的频率连续不断地重复放电，工具电极不断向工件进给，就可以将工具电极的形状"复制"到工件上，加工出需要的型面。

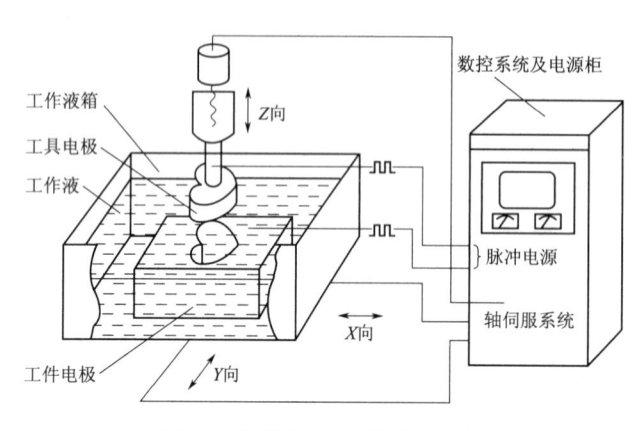

图7.2 数控电火花成型加工原理

7.4 电火花线切割机床的组成

数控线切割机床的外形如图7.3所示，其组成包括机床主机、脉冲电源和数控装置三大部分。

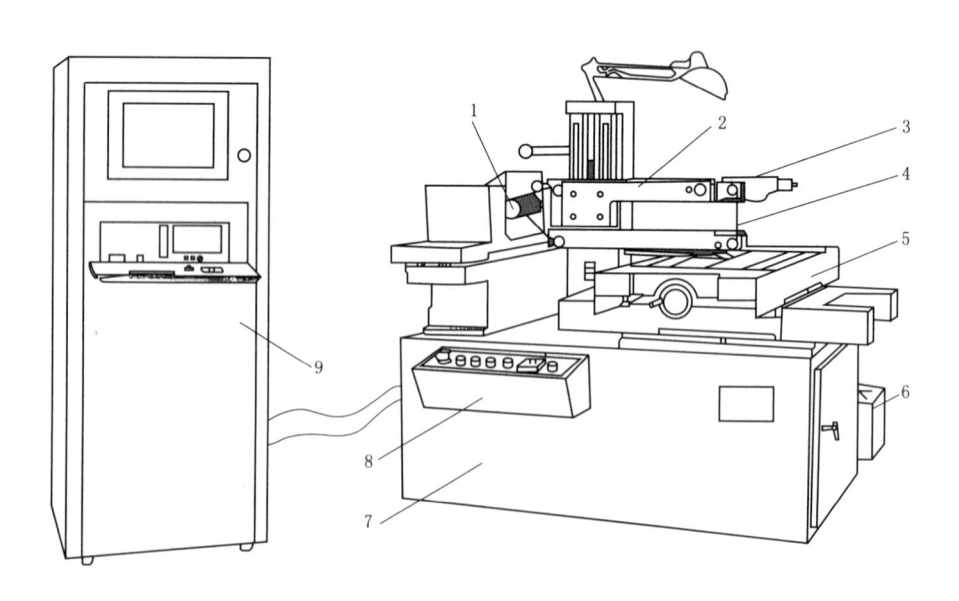

图7.3 数控线切割机床示意图

1—储丝筒；2—丝架；3—滚轮；4—钼丝；5—工作台；6—工作液箱；7—床身；8—操作台；9—控制柜

1. 机床主机部分

机床主机部分由运丝机构、工作台、床身、工作液系统等组成。

(1) 运丝机构：电动机通过联轴节带动储丝筒交替作正、反向转动，钼丝整齐地排列在贮丝筒上，并经过丝架作往复高速移动。

(2) 工作台：用于安装并带动工件在工作台平面内作 X、Y 两个方向的移动。工作台分上下两层，分别与 X、Y 向丝杠相连，由两个步进电机分别驱动。步进电机每接收到计算机发出的一个脉冲信号，其输出轴就旋转一个步距角，通过一对齿轮变速带动丝杠转动，从而使工作台在相应的方向上移动 0.01mm。

(3) 床身：用于支承和连接工作台、运丝机构、机床电器及存放工作液系统。

(4) 工作液系统：由工作液、工作液箱、工作液泵和循环导管组成。工作液起绝缘、排屑、冷却的作用。每次脉冲放电后，工件与钼丝之间必须迅速恢复绝缘状态，否则脉冲放电就会转变为稳定持续的电弧放电，影响加工质量。在加工过程中，工作液可把加工过程中产生的金属颗粒迅速从电极之间冲走，使加工顺利进行。工作液还可冷却受热的电极和工件，防止工件变形。

2. 脉冲电源

脉冲电源又称高频电源，其作用是把普通的 50Hz 交流电转换成高频率的单向脉冲电压。加工时，钼丝接脉冲电源负极，工件接正极。

3. 数控装置

数控装置以 PC 机为核心，配备有其他一些硬件及控制软件。加工程序可用键盘输入或磁盘输入。通过它可实现放大、缩小等多种功能的加工，其控制精度为 ± 0.001mm，加工精度为 ± 0.001mm。

数控电火花成型机如图 7.4 所示，主要包括机床本体、脉冲电源、轴伺服系统（Z 轴）、工作液的循环过滤系统和基于窗口的对话式软件操作系统等。

(1) 机床本体：床身、工作台、主轴箱等组成。

1) 床身：主要用于支承和连接工作台等部件，安放工作液箱等。

2) 工作台：用于安装夹具和工件，并带动工件在 X、Y 向作往复运动。

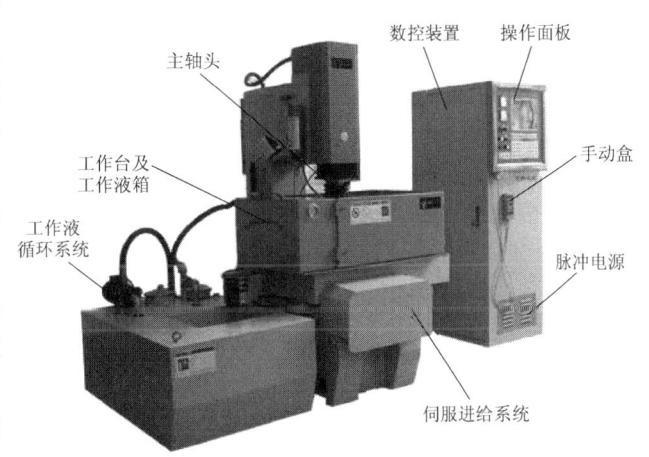

图 7.4 数控电火花成型机

3) 主轴箱：用于装夹工具电极，并带动工具电极作 Z 向往复运动。

(2) 脉冲电源：其作用是把 50Hz 交流电转换成高频率的单向脉冲电流。加工时，工具电极接电源正极，工件电极接负极。

(3) 轴向伺服系统：其作用是控制 Z 轴的伺服运动。

(4) 工作液循环过滤系统：由工作液、工作液箱、工作液泵、滤芯和导管组成。工作液起绝缘、排屑、冷却和改善加工质量的作用。每次脉冲放电后，工件电极与工具电极之间必须迅速恢复绝缘状态，否则脉冲放电就会转变为持续的电弧放电，影响加工质量。在加工过程中，工作液可把加工过程中产生的金属颗粒迅速从电极之间冲走，使加工顺利进行。工作液还可冷却受热的电极和工件，防止工件变形。

(5) 基于窗口的对话式软件操作系统：使用本操作系统，工具电极可以方便地对工件进行感知和对中等操作，可以将工具电极和工件电极的各种参数输入并生成程序，可以动态观察加工过程中加工深度的变化情况，还可进行手动操作加工和文件管理等。

7.5 线切割加工程序编制方法

1. 程序格式

程序格式如图 7.5 所示。

```
N  R   B   X   B   Y   B   J   G   Z
程 圆  间  X   间  Y   间  计  计  加
序 弧  隔  坐  隔  坐  隔  数  数  工
段 半  符  标  符  标  符  长  方  指
号 径  值  值  值  值  度  向  令
```

图 7.5 程序格式

该程序格式称为"3B 格式"。其中间隔符 B 的作用是将 X、Y、J 数码区分开。加工直线时，R 为零。

在一个完整程序的最后应有停机符"FF"，表示程序结束。

(1) 坐标系和坐标值 X、Y 的确定。平面坐标系是这样规定的：面对机床操作台，工作台平面为坐标平面，左右方向为 X 轴，且右方为正；前后方向为 Y 轴，且前方为正。

坐标系的原点随程序段的不同而变化：加工直线时，以该直线的起点为坐标系的原点，X、Y 取该直线终点的坐标值；加工圆弧时，以该圆弧的圆心为坐标系的原点 X、Y 取该圆弧起点的坐标值。坐标值的负号均不写，单位为 μm。

(2) 计数方向 G 的确定。不管是加工直线还是圆弧，计数方向均按终点的位置来确定。具体确定的原则为：

1) 加工直线时，计数方向取直线终点靠近的那一坐标轴。例如，在图 7.6 中，加工直线 OA，计数方向取 X 轴，记作 GX；加工 OB，计数方向取 Y 轴，记作 GY；加工 OC，计数方向取 X 轴、Y 轴均可，记作 GX 或 GY。

2) 加工圆弧时，终点靠近何轴，则计数方向取另一轴。例如：在图 7.7 中，加工圆弧 AB，计数方向取 X 轴，记作 GX；加工 MN，计数方向取 Y 轴，记作 GY；加工 PQ，计数方向取 X 轴、Y 轴均可，记作 GX 或 GY。

(3) 计数长度 J 的确定。计数长度是在计数方向的基础上确定的，是被加工的直线或圆弧在计数方向的坐标轴上投影的绝对值总和，单位为 μm。

例如，在图 7.8 中，加工直线 OA，计数方向为 X 轴，计数长度为 OB，数值等于 A 点的 X 坐标值。在图 7.9 中，加工半径为 0.5mm 的圆弧 MN，计数方向为 X 轴，计数长度为 $500 \times 3 = 1500 \mu m$，即 MN 中 3 段 90°圆弧在 X 轴在投影的绝对值总和，而不是

$500 \times 2 = 1000$（μm）。

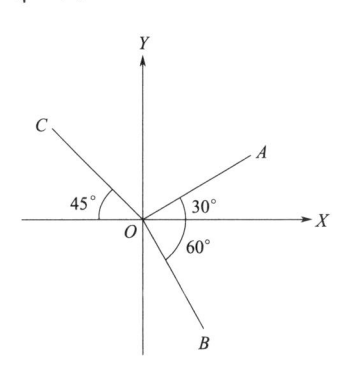

图 7.6 直线计数方向的确定

图 7.7 圆弧计数方向的确定

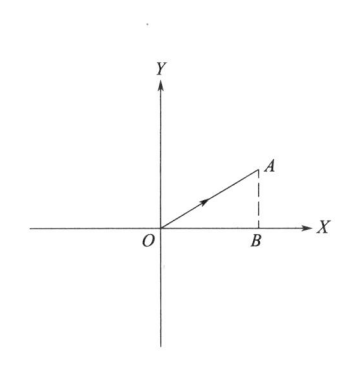

图 7.8 直线计数长度的确定

图 7.9 圆弧计数长度的确定

（4）加工指令 Z 的确定。加工直线时，有 4 种加工指令：L1、L2、L3、L4。如图所示，当直线处于第Ⅰ象限（包括 X 轴而不包括 Y 轴）时，加工指令记作 L1；当处于第Ⅱ象限（包括 Y 轴而不包括 X 轴）时，记作 L2，L3，L4 依此类推。

加工顺圆弧时有 4 种加工指令：SR1、SR2、SR3、SR4。如图所示，当圆弧的起点在第Ⅰ象限（包括 Y 轴而不包括 X 轴）时，加工指令记作 SR1；当起点在第Ⅱ象限（包括 X 轴而不包 Y 轴）时，记作 SR2；SR3、SR4 依此类推。

加工逆圆弧时有四种加工指令：NR1、NR2、NR3、NR4。如图所示，当圆弧的起点在第Ⅰ象限（包括 X 轴而不包括 Y 轴）时，加工指令记作 NR1；当起点在第Ⅱ象限（包括 Y 轴而不包括 X 轴）时，记作 NR2；NR3、NR4 依此类推。

2. 编程方法

（1）确定加工路径起点。

（2）计算坐标值。按照坐标系和坐标 X、Y 的规定，分别计算坐标值。

（3）填写程序单，按程序标准格式逐段填写 N、R、B、X、B、Y、B、J、G、Z。

7.6　线切割软件编程

线切割软件编程主要用于控制电火花线切割机床的操作和加工过程，它结合了机械加工工艺与计算机编程技术，使复杂形状的工件能够通过线切割方式精确完成。编程通常使用 G 代码或专用 CAM 软件生成加工路径，G 代码是机床控制的基础语言，通过指定坐标、速度、方向、进给量等参数，控制切割机的运动和工作状态。整个编程流程包括图形设计、路径生成、工艺参数设置和代码输出，首先使用 CAD 软件绘制工件的轮廓或模型，然后根据设计生成切割路径，确定切割顺序、进刀点、退刀点等，接着设置切割速度、脉冲宽度、工作液参数等工艺参数，最终生成 NC 程序并传输至机床。线切割软件具备图形导入与编辑、自动编程、路径优化、仿真与模拟等核心功能，一些高级软件还支持多轴联动、加工策略优化和数据监控与反馈，这些功能能够进一步提升加工效率与精度，线切割编程广泛应用于模具制造、精密零件加工和航天器件制造等领域，特别适合加工高硬度、复杂形状的工件，通过合理使用线切割编程软件可以极大提高加工效率和精度，同时降低人为操作误差和风险，在现代制造业中具有重要地位。常用的编程软件有 CAXA、AutoCut、Mastercam Wire 等。本次学习以 AutoCut 作为学习软件。

1. AutoCut 软件操作步骤

(1) 打开 Auto CAD 软件，绘制以下零件加工图形（图 7.10），直径为 ϕ20mm。

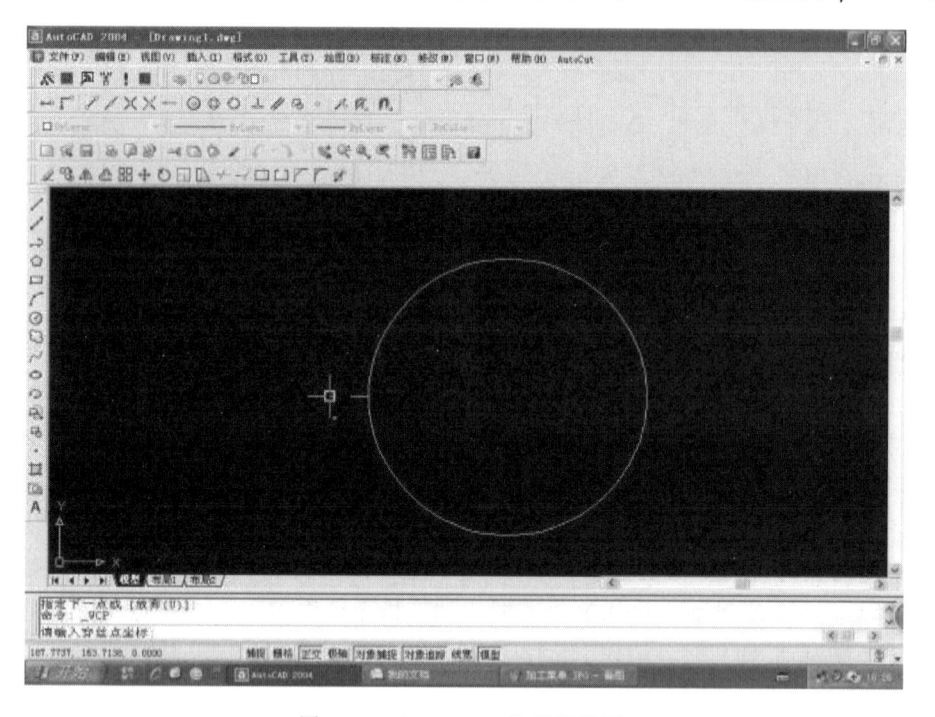

图 7.10　Auto CAD 绘制零件图

(2) 打开 AutoCut 菜单，点击【生成加工轨迹】，进入【加工轨迹生成界面】（图 7.11）。

(3) 弹出【一次加工轨迹】对话框，输入补偿值进行加工精度控制（钼丝半径 0.09mm，放电间隙 0.02mm，补偿值为 0.11mm），选择【偏移方向】，点击【确定】（图 7.12）。

(4) 选择【穿丝点坐标】，左键确定，选择零件【加工起始点坐标】，左键确定（图 7.13）。

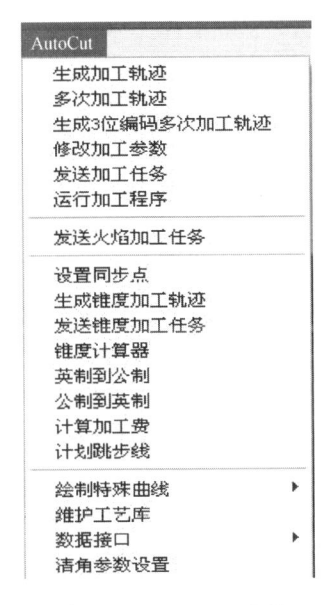

图 7.11 AutoCut 菜单　　　　　　　　图 7.12 刀具半径补偿

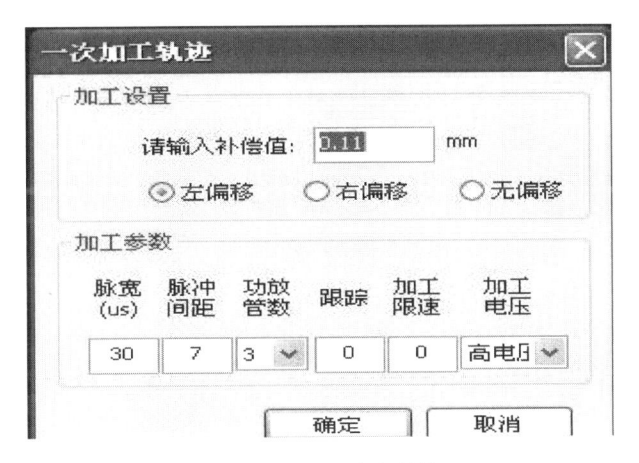

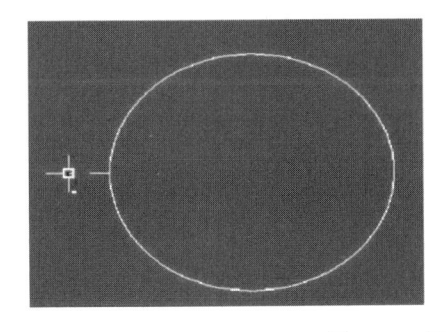

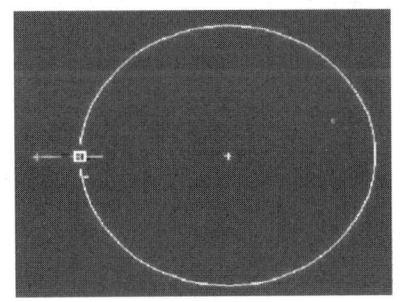

图 7.13 零件起始坐

（5）选择【加工方向】，左键确定生成紫色【加工轨迹】（图 7.14）。

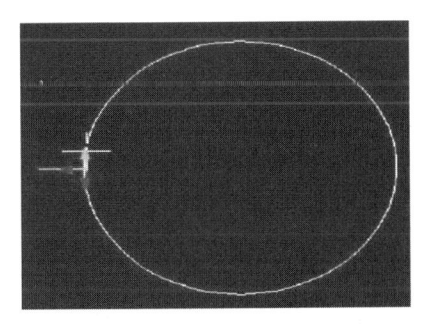

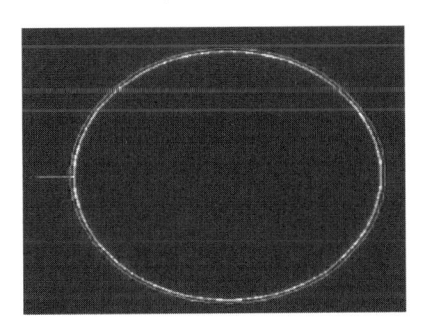

图 7.14 加工轨迹生成

（6）左键单击或框选【加工轨迹】，当轨迹线变为虚线时，说明已选中。右键单击虚线轨迹，弹出【选卡】对话框，左键单击【1 号卡】（图 7.15）。

101

第 7 章 电火花加工

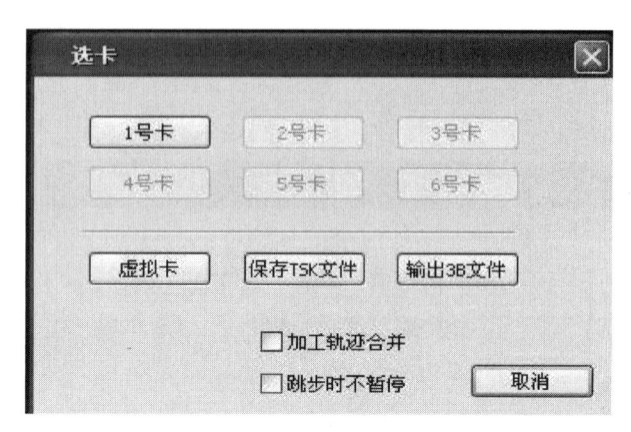

图 7.15 选择一号卡

（7）进入【AutoCut 加工界面】（图 7.16）。

（8）左单击【开始加工】按钮，进入【开始加工】参数设置对话框（图 7.17）。

（9）检查各项加工参数设置，确定无误后点击【确定】，开始加工零件至完成。

2. 零件加工机床操作步骤及要点

（1）开启机床电源及计算机电源，检查并确定加工参数无误，见表 7.1。

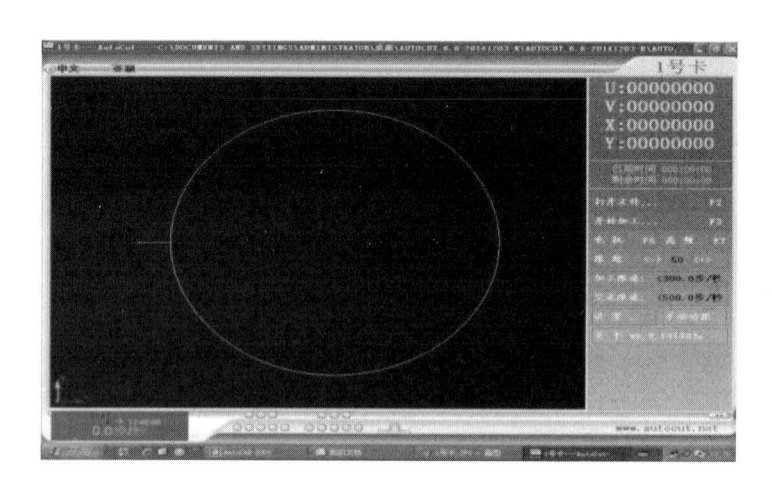

图 7.16 AutoCut 加工界面

图 7.17 加工参数设置

表 7.1 加 工 参 数 表

No.	脉宽	脉间	电流	分组	丝速	单边
8	48	8	5	9	1	1

（2）装夹工件及找正。

1）工件装夹。如图 7.18 所示，通过螺栓、螺母及压板将工件毛坯固定在工作台上，加工时刀具路径不能进入工件夹持部分，毛坯材质为 45 号钢，尺寸 100mm×100mm。

2）钼丝找正。如图 7.19，手摇工作台，让钼丝缓慢接近标准件，通过目测钼丝放电过程中与标准块之间所产生的电火花的均匀性来判断钼丝 X 轴与 Y 轴的垂直度。

（3）偏移值及放电间隙设定（图 7.20），并将偏移值输入 2.2.3 节中【一次加工轨迹】对话框：d（钼丝直径）=0.18mm；δ（放电间隙）=0.02mm；l（偏移值）=0.11mm。

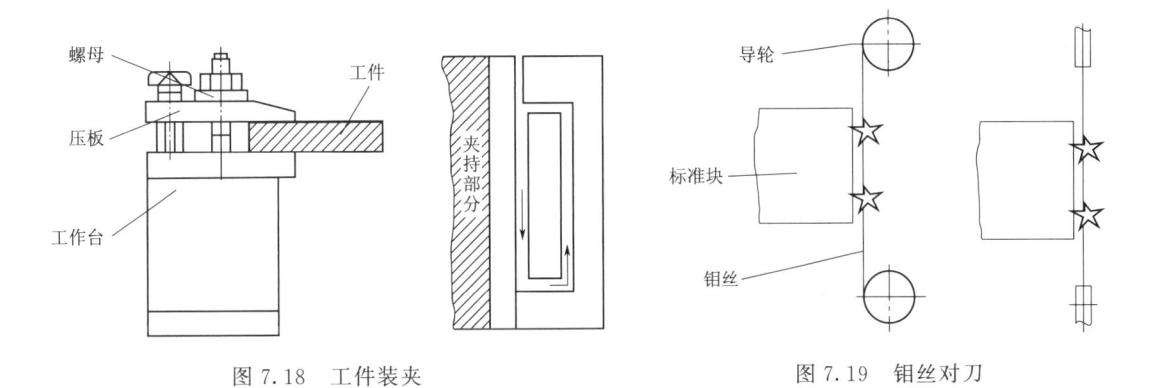

图 7.18　工件装夹　　　　　图 7.19　钼丝对刀

（4）偏移方向设定（图 7.21）。

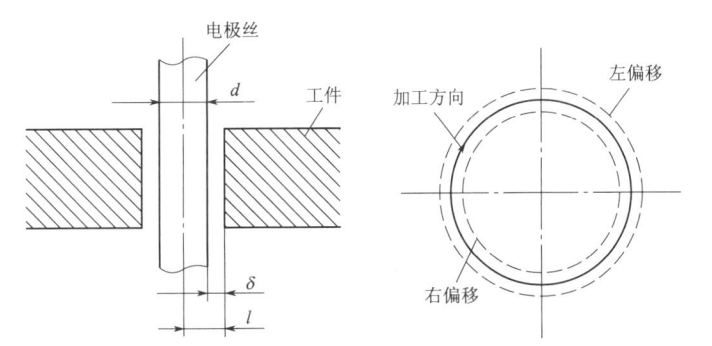

图 7.20　放电间隙　　图 7.21　刀具路径偏移方向

根据零件加工软件编程时选择的加工方向而定，加工外环选择左偏移，加工内环选择右偏移，于 2.2.3 节中【一次加工轨迹】中选择。

（5）选择加工路径，进入 AutoCut 加工软件界面（图 7.22）。

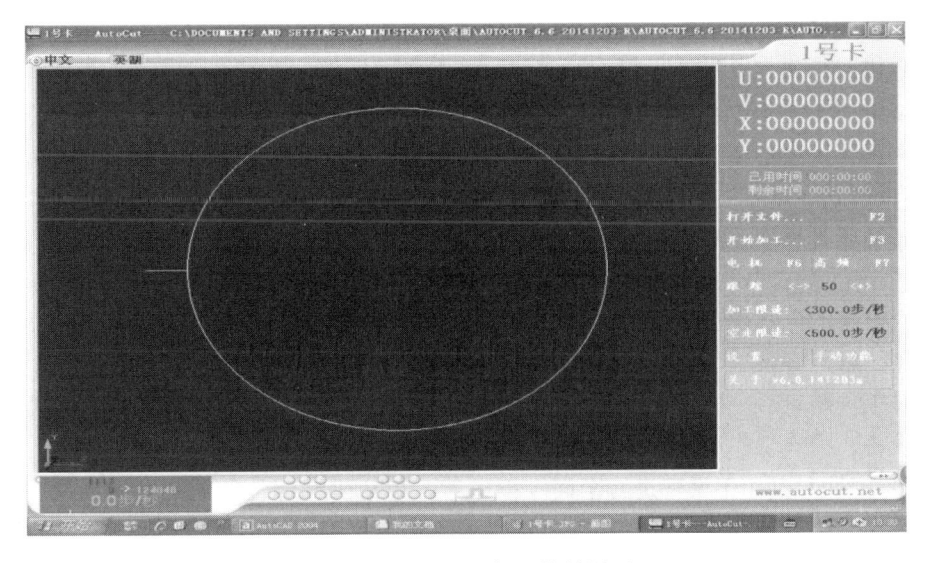

图 7.22　AutoCut 加工软件界面

（6）启动控制面板中运丝、水泵、高频按钮，并将钼丝手摇至加工起始位置（图7.23）。

（7）点击 AUTO CUT 加工界面中的【开始加工】按钮，确定加工参数无误，点击【确定】，开始加工零件。

（8）加工完毕后，关闭【运丝】【水泵】【高频】开关，取下工件，进行尺寸及表面粗糙度测量。

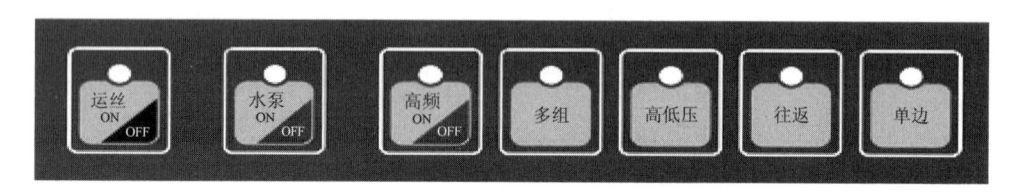

图 7.23　控制柜操作界面

7.7　电加工安全操作规程

（1）操作人员必须经过专业培训，熟悉电加工设备的操作方法、性能特点及安全注意事项，未经培训合格严禁上岗操作。

（2）作业前，认真检查设备的电气系统、冷却系统、工作液循环系统等是否正常，各部件连接是否牢固，如有异常应及时排除或报修。

（3）安装电极与工件时，必须确保安装牢固且位置准确，避免在加工过程中发生松动、位移而引发事故。同时，要注意电极与工件的装夹不得影响设备的正常运动轨迹和防护装置的功能。

（4）根据加工要求，正确选择合适的电加工参数，如电流、电压、脉冲宽度、脉冲间隔等，严禁超出设备规定的参数范围使用，以免损坏设备或引发安全问题。

（5）在开启设备电源前，确保工作区域内无杂物、人员已撤离到安全位置，防止设备启动时造成意外伤害。加工过程中，严禁触摸电极与工件以及设备的运动部件。

（6）电加工过程中会产生火花及高温，工作场所应保持良好通风，及时排除有害气体和烟雾，防止人员中毒和火灾隐患。同时，要配备有效的灭火器材，并确保操作人员熟悉其使用方法。

（7）加工过程中，需密切关注设备运行状态，如发现异常声响、异味、冒烟、放电不稳定等情况，应立即停止加工，切断电源，并进行检查和维修，严禁设备带故障运行。

（8）设备的电气部分应保持干燥、清洁，防止水或其他导电液体进入电气系统，以免引起短路、触电等事故。定期对电气系统进行检查和维护，确保其绝缘性能良好。

（9）工作结束后，先关闭设备的工作电源，然后依次关闭冷却系统、工作液循环系统等辅助设备。清理工作区域，擦拭设备表面，保持设备和工作场地整洁。

（10）定期对电加工设备进行全面维护保养，包括机械部件的润滑、精度调整，电气系统的检查测试等，及时更换易损件，确保设备长期处于良好的运行状态和安全性能。记录设备的运行情况、维护保养记录及故障处理情况，以便查阅和分析。

电火花线切割机床简介

【练 习 题】

1. 简要说明电火花线切割加工原理。
2. 简要说明数控电火花线切割机床与电火花成型机床的主要组成部件。
3. 简要说明 3B 编程方法。
4. 影在电加工中，工作液有哪些作用？
5. 影响电加工精度的主要因素有哪些？
6. 电火花线切割加工与电火花成型加工相比，有哪些特点？
7. 简述电加工设备的日常维护要点。
8. 编制图 7.24 所示样板零件的数控电火花线切割加工程序。

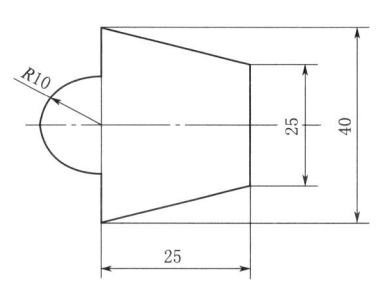

图 7.24 加工零件图

第8章

刨削与磨削

8.1 刨削

8.1.1 概述

刨削是一种传统的机械加工方法，主要用于加工平面、凹槽以及一些简单的成形面。刨削工艺通常通过刨床来实现，加工过程中，工件固定在工作台上，刀具沿直线往复运动以切除材料。根据加工的不同需求，刨削工艺可以分为平面刨削、成形刨削和槽刨削。

刨削的基本原理是利用单刃刨刀进行切削，刀具在每次往复运动中只在一个方向上完成切削（通常是前进行程），而返回行程则不进行切削。典型的刨床包括牛头刨床、龙门刨床和插床。牛头刨床通常用于加工中小型工件的平面、直角面及T形槽；龙门刨床用于加工大型工件的宽平面和多个平行表面；插床则用于加工内孔、内槽等。

刨削具有加工精度高、表面质量好的特点，尤其适合中小批量的平面加工。尽管刨削速度较低，加工效率不如铣削或磨削，但刨削仍在某些特定应用场景中发挥重要作用，如中大型平面、直线导轨的精密加工，以及一些无法通过铣削加工的复杂成形面。此外，刨削的工艺装备简单，操作相对容易，且刀具成本低廉，在加工硬质材料时表现较为稳定。

刨削主要用于加工各种平面（水平面、垂直面和斜面）、各种沟槽（直角槽、T形槽、燕尾槽等）和成形面等，如图8.1所示。

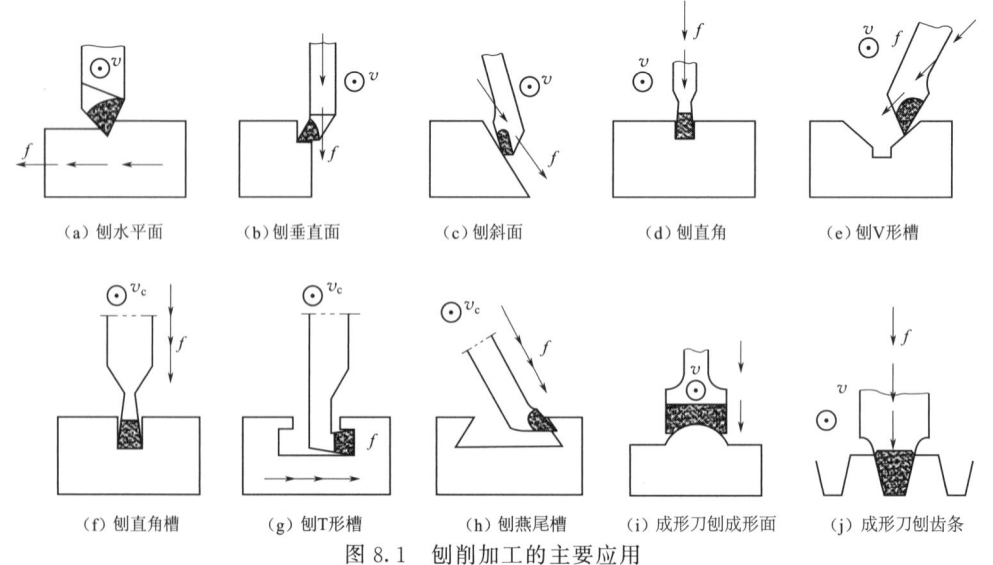

(a) 刨水平面　(b) 刨垂直面　(c) 刨斜面　(d) 刨直角　(e) 刨V形槽

(f) 刨直角槽　(g) 刨T形槽　(h) 刨燕尾槽　(i) 成形刀刨成形面　(j) 成形刀刨齿条

图8.1 刨削加工的主要应用

8.1.2 刨床简介

1. 牛头刨床

（1）牛头刨床概述。牛头刨床是一种传统的机械加工设备，主要用于对金属工件进行平面和沟槽加工。其结构包括稳定的床身、横向移动的工作台、纵向移动的刀架以及驱动系统。加工过程中，刀架上的刀具在工件表面进行切削，通过工作台的移动配合刀具的运动，实现精确加工。牛头刨床具有加工精度高、适用范围广的优点，特别适合于大面积平整和较大工件的加工。然而，随着现代数控机床的普及，牛头刨床的使用逐渐减少，但在某些传统制造领域仍有应用。刨削精度一般为 IT7～IT9，表面粗糙度 Ra 值为 $3.1～6.3\mu m$。

（2）牛头刨床的组成部分及作用。牛头刨床的结构如图 8.2 所示，一般由床身、滑枕、底座、横梁、工作台和刀架等部件组成。

1）床身。主要用来支撑和连接机床各部件。其顶面的燕尾形导轨供滑枕作往复运动；床身内部有齿轮变速机构和摆杆机构，可用于改变滑枕的往复运动速度和行程长短。

2）滑枕。主要用来带动刨刀作往复直线运动（即主运动），前端装有刀架。其内部装有丝杠螺母传动装置，可用于改变滑枕的往复行程位置。

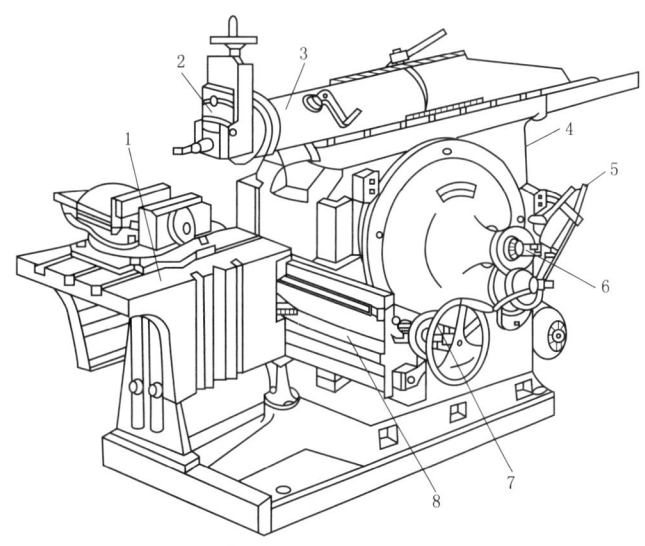

图 8.2　牛头刨床
1—工作台；2—刀架；3—滑枕；4—床身；5—摆杆机构；
6—变速机构；7—进刀机构；8—横梁

3）刀架。如图 8.3 所示，主要用来夹持刨刀。松开刀架上的手柄，滑板可以沿转盘上的导轨带动刨刀作上下移动；松开转盘上两端的螺母，扳转一定的角度，可以加工斜面以及燕尾形零件。抬刀板可以绕刀座的轴转动，使刨刀回程时，可绕轴自由上抬，减少刀具与工件的摩擦。

4）工作台和横梁。横梁安装在床身前部的垂直导轨上，能够上下移动。工作台安装在横梁的水平导轨上，能够水平移动。工作台主要用来安装工件。台面上有 T 形槽，可穿入螺栓头装夹工件或夹具。工作台可随横梁上下调整，也可随横梁作横向间歇移动，这个移动称为进给运动。

2. 龙门刨床

龙门刨床主要用于加工大型工件上长而窄的平面、大平面或同时加工多个小型工件的平面。如图 8.4 所示为 B2012A 型龙门刨床的外形图。

龙门刨床的主运动是工作台的往复直线运动，进给运动由刀架完成。刀架除有垂直刀架外还有侧刀架。垂直刀架可沿横梁导轨作横向进给，用以加工工件的水平面；侧刀架可

(a) 直头刨刀　　(b) 弯头刨刀

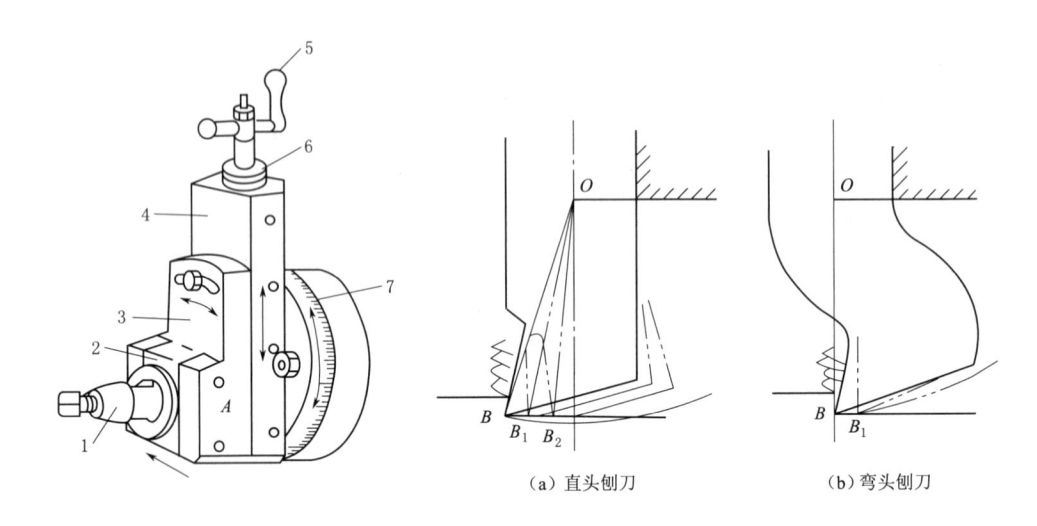

图 8.3　刀架及运动过程

1—刀夹；2—抬刀板；3—刀座；4—滑板；5—刀架进给手柄；6—刻度盘；7—转盘

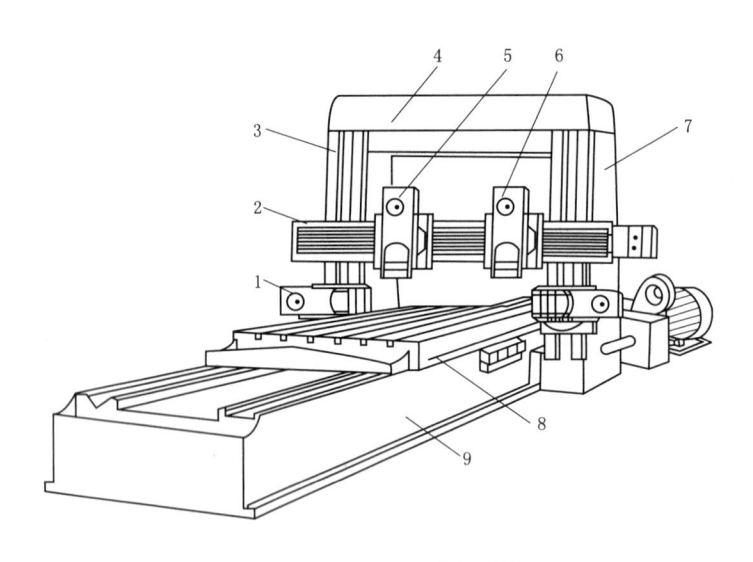

图 8.4　4B2012A 型龙门刨床

1—左右侧刀架；2—横梁；3、7—左右立柱；4—顶梁；5、6—两个垂直刀架；8—工作台；9—床身

沿立柱导轨作垂直进给，用于加工工件的垂直面。刀架亦可绕转盘旋转和沿滑板导轨移动，用于调整刨刀的工作位置和实现进给运动。刨削时要调整好横梁的位置和工作台的行程长度。

在龙门刨床上加工箱体、导轨等狭长平面时，可采用多工件、多刀刨削以提高生产率。如在刚好、精度高的机床上，正确地装夹工件，用宽刃进行小进给量精刨平面，可以得到平面度在 1000mm 内不大于 0.02mm，表面粗糙度 Ra 为 $0.8\sim1.6\mu m$ 的平面，并且生产率也较高。刨削还可以保证一定的位置精度。

8.2 磨　　削

8.2.1 磨削概述

磨削加工是一种通过磨料或磨具来去除工件表面微量材料的精密加工工艺。它通常用于加工那些对尺寸精度、形状精度和表面光洁度要求较高的零件。磨削加工分为外圆磨削、内圆磨削、平面磨削和无心磨削等多种形式，适用于各种材料，包括金属、陶瓷、玻璃以及某些复合材料。相比其他加工方式，磨削的优势在于其能够加工硬度较高的材料，同时在加工过程中能够保持极高的精度和稳定的表面质量。

磨削的原理主要依靠磨粒的高速运动，通过局部的压力作用来去除工件表面的微量材料。其加工过程中，磨具的种类、工件的材料特性、冷却液的使用以及加工参数的设定（如磨削速度、进给速度等）都会对最终的加工效果产生显著影响。

磨削加工用于加工外圆面、内圆面、平面、成形面、螺纹和齿轮等各种表面，如图 8.5 所示。

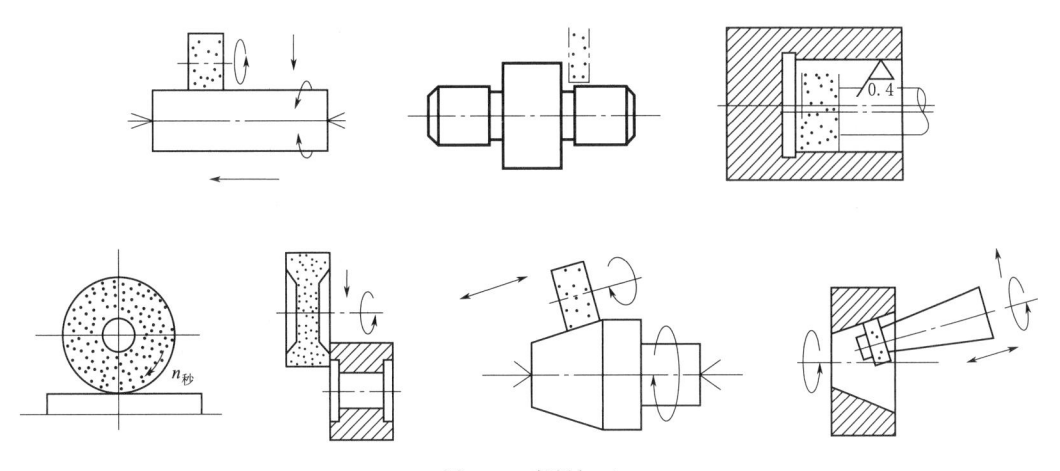

图 8.5　磨削加工

磨削时，一般有 1 个主运动和 3 个进给运动。这 4 个运动参数即为削用量，如图 8.6 所示。

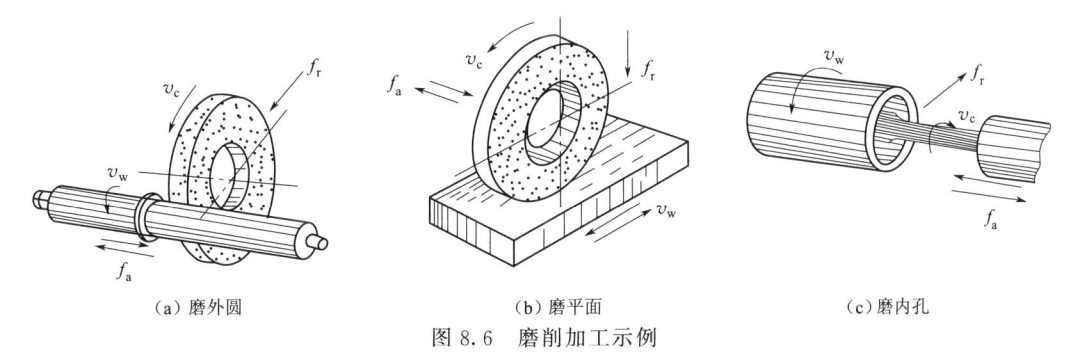

（a）磨外圆　　　　　　　　（b）磨平面　　　　　　　　（c）磨内孔

图 8.6　磨削加工示例

v_c—主运动进给速度；v_w—圆周进给速度；f_a—纵向进给量；f_r—横向进给量

(1) 主运动。主运动是砂轮的高速旋转运动。主运动速度用砂轮外圆处的线速度 v（m/s）表示。高速磨削时，v 取 60~100m/s；一般削时，v 取 30~35m/s。

(2) 圆周进给运动。圆周进给运动是工件绕本身轴线做低速旋转的运动。圆周进给速度用工件外圆处的线速度 v(m/s) 表示。v 的取值为 0.2~0.4m/s，粗磨时取上限，精磨时取下限。

(3) 纵向进给运动。纵向进给运动是工件沿砂轮轴线方向所做的往复运动，纵向进给量用 f（mm）表示，即 $f=$（0.2~0.8）B，B 表示砂轮宽度（mm），粗磨时取上限，精时取下限。

(4) 横向进给运动。横向进给运动是工件每次往复行程终了时，砂轮架带着砂轮向着工件做的横向移动，横向进给量用 f（mm/2L）表示，其中 2L 表示往复行程。一般取值为 0.005~0.05，粗时取上限，精时取下限。

8.2.2 常用的磨削加工设备

磨床是以砂轮作切削刀具的机床。磨床的种类很多，常用的有外圆磨床（图 8.7）、内圆磨床、平面磨床（图 8.8）、无心磨床、工具磨床等。

图 8.7 外圆磨床 　　　　图 8.8 平面磨床

8.2.3 平面磨削加工

平面磨削在平面磨床上进行，加工时工件通常装夹在电磁吸盘上，用砂轮的周面对工件进行磨削。平面磨削可分为卧轴周磨和立轴端磨两种方法。周磨是用砂轮的圆周面磨削平面，如图 8.7 所示，周磨平面时砂轮与工件的接触面积很小，排屑和冷却条件均较好，工件不易产生热变形。因砂轮圆周表面的磨粒磨损均匀，加工质量较高，适用于精磨。端磨是用砂轮的端面磨削工件平面，如图 8.8 所示，端磨平面时砂轮与工件的接触面积大，所以磨削效率高，但因冷却液不易注入磨削区内，致使工件热变形大。另外，因砂轮端面各点的圆周速度不同，端面磨损不均匀，故加工精度较低，一般只适用于粗磨。加工模具零件时，要求分型面与模具的上下面平行，同时还应保证分型面与有关平面之间的垂直度。采用磨削加工时，两平面的平行度小于 100∶0.01，加工精度可达 IT5~IT6，表面粗糙度 Ra 为 0.1~0.01μm，所以模板类零件的平面加工都采用平面磨削作为最终工序。

(1) 下面以图 8.9 所示的 M7120A 平面磨床为例介绍。

1) 工作台 8 装在床身 10 的导轨上,由液压驱动作往复运动,也可用手轮 1 操纵以进行必要的调整;工作台上装有电磁吸盘或其他夹具,用来装夹工件。

2) 磨头 2 沿滑板 3 的水平导轨可作横向进给运动,也可由液压驱动或手轮 1 操纵。滑板 3 可沿立柱 6 的导轨作垂直移动,这一运动是通过转动手轮 1 来实现的。砂轮由装在磨头 2 壳体内的电动机直接驱动旋转。

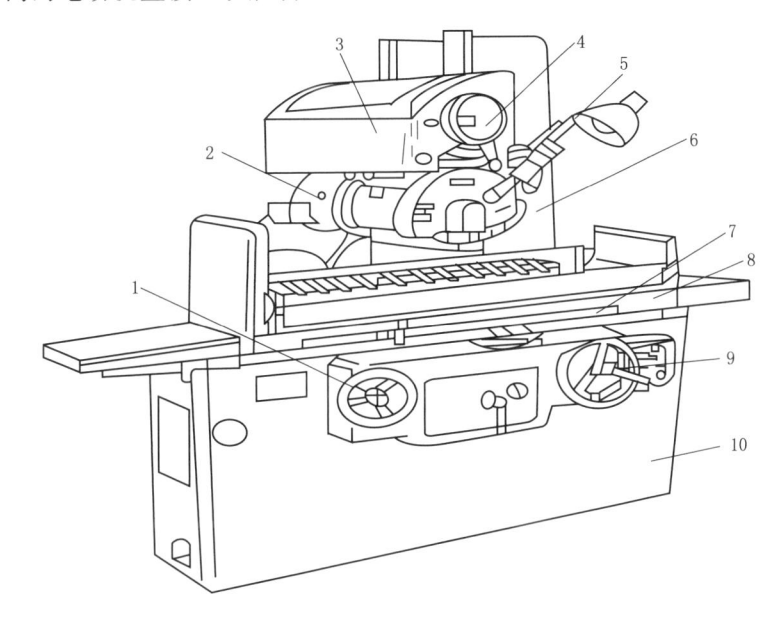

图 8.9　M7120A 平面磨床

1—驱动工作台手轮;2—磨头;3—滑板;4—横向进给手轮;5—砂轮修整器;6—立柱;
7—行程挡块;8—工作台;9—垂直进给手轮;10—床身

(2) 平面磨床的磨削运动。平面磨床主要用于磨削工件上的平面。平面磨削的方式通常可分为周磨与端磨两种。周磨为用砂轮的圆周面磨削平面,这时需要以下几个运动:

1) 砂轮的调整旋转,即主运动。
2) 工件的纵向往复运动或圆周运动,即纵向进给运动。
3) 砂轮周期性横向移动,即横向进给运动。
4) 砂轮对工件作定期垂直移动,即垂直进给运动。

端磨是用砂轮的端面磨削平面。这时需要下列运动:砂轮高速旋转即主运动,工作台作纵向往复进给或周进给,砂轮轴向垂直进给。

1. 砂轮的选择

选用砂轮时,应综合考虑工件的外形、材料及生产条件等各因素。应尽可能把外径选得大些,以提高砂轮的圆周速度,有利于提高磨削生产率、降低表面粗糙度。

2. 工件的装夹与定位

平面磨削作为模具零件的终加工工序,一般安排在精铣、精刨和热处理之后。磨削时直接用磁力吸盘固定工件;对于小尺寸零件,常用精密平口钳、导磁角铁或正弦夹具等装夹工件。磁力吸盘是利用磁通的连续性原理及磁场的叠加原理设计的，磁力吸盘的磁路设计成多个磁系，通过磁系的相对运动，实现工作磁极面上磁场强度的相加或相消，从而达到吸持和卸载的目的。如图 8.10 所示，当磁力吸盘磁极处于吸持状态时，磁力线从永磁铁的 N 极出来，通过导磁体，经过具有铁磁性的工件，再回到导磁体，最后进入永磁铁的 S 极。这样，就能把工件牢牢地吸在永磁吸盘的工作极面上。当扳手插入轴孔内沿逆时针转动 180°后，导磁体下方的永磁铁和绝磁板整体会产生一个平动距离，此时，磁力线会在磁力吸盘内部组成磁路的闭合回路，几乎没有磁力线从磁力吸盘的工作极面上出来，所以对工件不会产生吸力，就能顺利实现卸载，如图 8.10 所示为磁力吸盘的实物图。

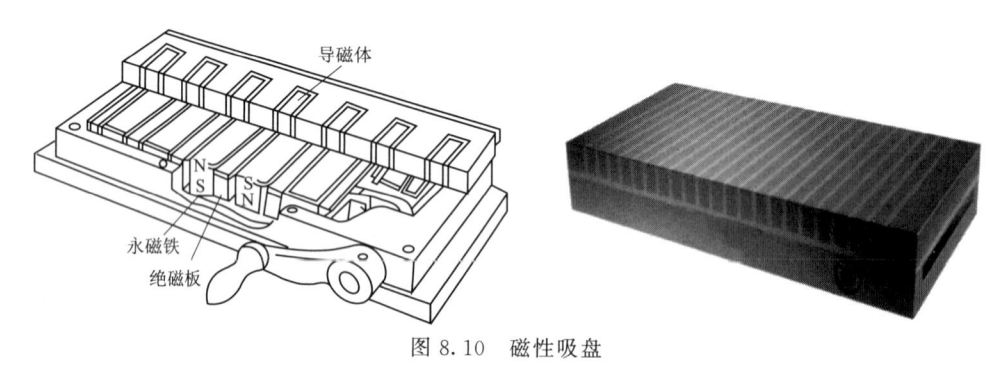

图 8.10 磁性吸盘

3. 磨削加工参数

磨削时砂轮与工件的切削运动也分为主运动和进给运动，主运动是砂轮的高速旋转；进给运动一般为圆周进给运动（即工件的旋转运动）、纵向进给运动（即工作台带动工件所做的纵向直线往复运动）和径向进给运动（即砂轮沿工件径向的移动）。描述这 4 个运动的参数即为磨削用量，表 8.1 为常用磨削用量的定义、计算及选用原则。表 8.2 和表 8.3 分别为平面磨削砂轮速度和用量的选择。

表 8.1 常用磨削用量的定义、计算及选用

磨削用量	定义及计算	选用原则
砂轮圆周速度 v_s	砂轮外圆的线速度砂 轮外圆的线速度 $$v_s = \frac{\pi d_s n_s}{1000 \times 60} (\text{m/s})$$	一般陶瓷结合剂砂轮 $v_s \leqslant 35\text{m/s}$ 特殊陶瓷结合剂砂轮 $v_s \leqslant 50\text{m/s}$
工件圆周速度 v_w	被磨削工件外圆处的线速度 $$v_w = \frac{\pi d_w n_w}{1000 \times 60} (\text{m/s})$$	$v_w = \left(\frac{1}{80} \sim \frac{1}{160}\right) \times 60(\text{s})$ 粗磨时取大值，精磨时取小值
纵向进给量 f_a	工件每转一圈沿本身轴向的移动量	一般取 $f_a = (0.3 \sim 0.6)B$ 粗磨时取大值，精磨时取小值，B 为砂轮宽度
径向进给量 f_r	工作台一次往复行程内，砂轮相对工件的径向移动量（又称磨削深度）	粗磨时 $f_r = (0.01 \sim 0.06)B$ 粗磨时 $f_r = (0.005 \sim 0.02)B$

表 8.2　　　　　　　　　　　平面磨削砂轮速度选择　　　　　　　　单位：mm/s

磨削方式	工件材料	粗 磨	精 磨
周边磨削	灰铸铁	20～22	22～25
	钢	22～25	25～30
端面磨削	灰铸铁	15～18	18～20
	钢	18～20	20～25

表 8.3　　　　　　　　　　　　平面磨削用量选择

（1）纵向进给量						
加工性质	砂轮宽度 b_s/mm					
	32	40	50	63	80	100
粗磨	工作台单行程纵向进给量 f/(mm/st)					
	16～24	20～30	25～38	32～44	40～60	50～75

（2）磨削深度

纵向进给量 f（以砂轮宽度的倍数计）	耐用度 T/s	工件速度 v_m/(m/min)					
		6	8	10	12	16	20
		工作台单行程磨削深度 a_p (m/min)					
0.5	540	0.066	0.049	0.039	0.033	0.024	0.019
0.6		0.055	0.041	0.033	0.028	0.020	0.016
0.8		0.041	0.031	0.024	0.021	0.015	0.012
0.5	900	0.053	0.038	0.030	0.026	0.019	0.015
0.6		0.042	0.032	0.025	0.021	0.016	0.013
0.8		0.032	0.024	0.019	0.016	0.012	0.0096
0.5	1440	0.040	0.030	0.024	0.020	0.015	0.012
0.6		0.034	0.025	0.020	0.017	0.013	0.010
0.8		0.025	0.019	0.019	0.013	0.0094	0.0076
0.5	2400	0.033	0.023	0.019	0.016	0.012	0.0093
0.6		0.026	0.019	0.015	0.013	0.0097	0.0078
0.8		0.019	0.015	0.012	0.0098	0.0073	0.0059

8.2.4　外圆磨削加工

万能外圆磨床主要用于磨削圆柱形和圆锥形外表面，其中，万能外圆磨床还可以磨削内孔和内锥面。下面以 M1432A 型万能磨床为例进行介绍。

M1432A 型万能外圆磨床的外形如图 8.11 所示，其主要组成如下：

（1）床身。主要用来支持磨床的各个部件，上部装有工作台和砂轮架。床身上有两组导轨，可供工作台和砂轮架作纵向和横向移动。床身内部装有液压传动系统。

（2）工作台。工作台由上、下两层组成，安装在床身和纵向导轨上，可沿导轨作往复直线运动，以带动工件作纵向进给。工作台面上装有头架和尾架。

（3）砂轮架。砂轮架安装在床身的横向导轨上，用来安装砂轮。砂轮架可由液压传动系统实现沿床身横向导轨的移动，移动方式有自动间歇进给、快速进退，还可实现手动径向进给。砂轮座还可绕垂直轴线偏转一定角度，以便磨削圆锥面。砂轮有单独的电动机作动力源，经变速机构变速后实现高速旋转。

（4）头架和尾架。头架的主轴端部可以安装顶尖、拨盘或卡盘，以便装夹工件。头架主轴由单独的电动机，通过带传动及变速机构，使工件获得不同转速。头架可以在水平面内偏转一定角度，以便磨削圆锥面。尾座的套筒内装有顶尖，用来支撑较长工件。扳动尾座上的杠杆，顶尖套筒可缩进或伸出，并利用弹簧的压力顶住工件。

（5）内圆磨头。内圆磨头的主轴上可安装磨削内圆的砂轮，用来磨削内圆柱面和内圆锥面。它可绕砂轮架上的销轴翻转，在使用时翻转到工作位置，不使用时翻向砂轮架上方。

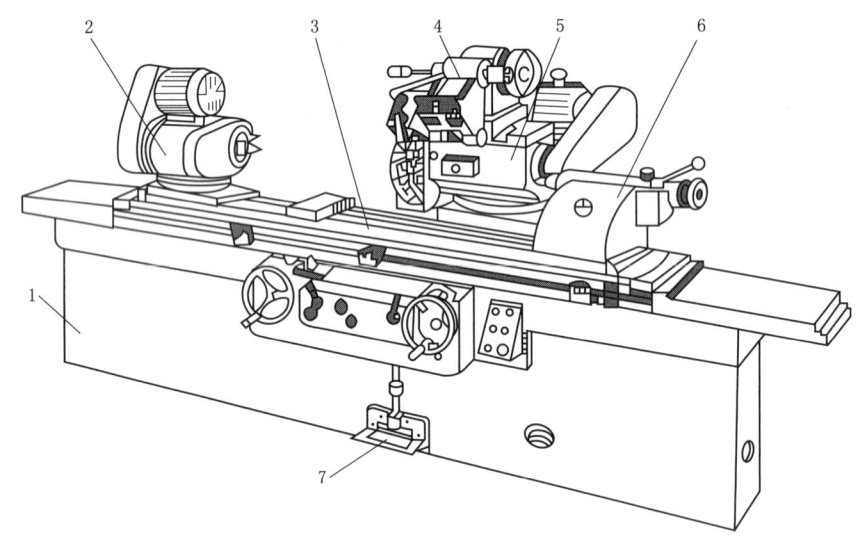

图 8.11 M1432A 万能外圆磨床
1—床身；2—头架；3—工作台；4—内圆磨具；5—砂轮架；6—尾座；7—脚踏操纵板

导柱、导套等回转类零件外圆面的加工是在外圆磨床上利用砂轮对工件进行磨削完成的（图 8.12）。其加工方式是以高速旋转的砂轮对低速旋转的工件进行磨削，工件相对于砂轮作纵向往复运动。外圆磨削后尺寸精度可达 IT5～IT6，表面粗糙度 Ra 为 0.8～0.2μm。若采用高光洁磨削工艺，表面粗糙度 Ra 可达 0.025μm。

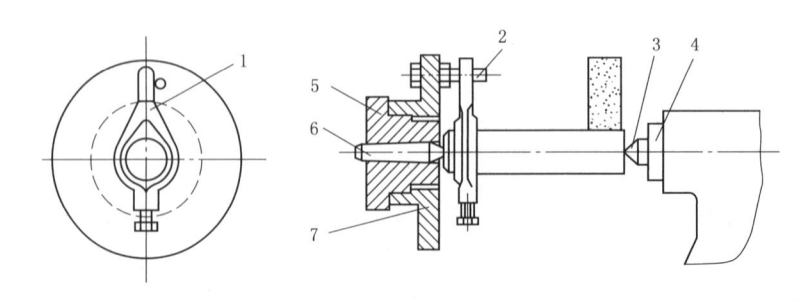

图 8.12 外圆磨削时工件的装夹
1—夹头；2—拨杆；3—后顶尖；4—尾架套筒；5—头架主轴；6—前顶尖；7—拨盘

114

1. 外圆磨削工艺参数

(1) 砂轮圆周速度：采用陶瓷结合剂砂轮磨削时，其圆周速度一般小于35m/s，当采用树脂结合剂砂轮磨削时，其圆周速度一般小于50m/s。

(2) 工件圆周速度：工件的圆周速度一般取13～20m/min，磨淬硬钢时，圆周速度一般为20～26m/min。当工件长径比较大、刚性差时应降低工件转速。

(3) 磨削深度：粗磨时磨削深度一般取0.02～0.05mm，精磨时一般取0.005～0.015mm。当工件表面粗糙度小、精度要求高时，精磨后还需要空刀光磨多次。

(4) 纵向进给量：粗磨时每次进给量取0.5～0.8倍的砂轮宽度，精磨时每次进给量取0.2～0.3倍的砂轮宽度。

2. 工件的装夹

(1) 长径比大的工件一般采用前、后顶尖装夹方式进行磨削，对于淬硬件的顶尖中心孔必须准确研磨，并使用硬质合金顶尖和适当的顶紧力。

(2) 长径比小的工件一般采用三爪或四爪卡盘装夹，用卡盘装夹的工件，一般采用工艺夹头装夹，以便在一次装夹中磨出各段台阶外圆。

(3) 较长工件一般采用卡盘和顶尖配合的方式装夹。长径比较大的细长小尺寸轴类工件一般采用双顶尖装夹方式。

(4) 有内、外圆同轴要求的套类工件一般采用芯轴方式装夹，芯轴定位面一般按照工件孔径并取1∶5000～1∶7000的锥度进行配磨。

3. 顶尖中心孔

在外圆柱面进行车削和磨削之前要先加工顶尖中心孔，以便为后继工序提供可靠的定位基准。若中心孔有较大的同轴度误差，将使中心孔和顶尖不能良好接触，影响加工精度。尤其当中心孔出现圆度误差时，将直接反映到工件上，使工件也产生圆度误差。被磨削零件在热处理后需要修正中心孔，其目的在于消除中心孔在热处理过程中可能产生的变形和其他缺陷，使磨削外圆柱面时能获得精确定位，以保证外圆柱面的形状精度要求。修正中心孔可以采用磨、研磨和挤压等方法，可以在车床、钻床或专用机床上进行。对于精度要求不高的顶尖中心孔通常采用多棱顶尖进行修正。

1) 挤压中心孔的硬质合金多棱顶尖。挤压时多棱顶尖装在车床主轴的锥孔内，其操作和磨中心孔相类似，利用车床的尾顶尖将工件压向多棱顶尖，通过多棱顶尖的挤压作用，修正中心孔的几何误差。此法生产率极高（只需几秒钟），但质量稍差，一般用于修正精度要求不高的中心孔。对于精度要求高的顶尖中心孔一般采用磨削方法进行修正。

2) 在车床上用磨削方法修正中心孔。在被磨削的中心孔处，加入少量煤油或机油，手持工件或利用尾尖进行磨削。用这种方法修正中心孔效率高，质量较好；但砂轮磨损快，需要经常修整。

8.2.5 内圆磨削加工

模具零件中精度要求高的内圆面一般采用内圆磨削来进行精加工。内圆磨削可在内圆磨床或万能外圆磨床上进行。在内圆磨床上磨孔的尺寸精度可达IT6～IT7级，表面粗糙度Ra为0.8～0.2μm。若采用高精度磨削工艺，尺寸精度可控制在0.005mm之内，表面粗糙度Ra为0.1～0.025μm。

(1) 砂轮的选择。砂轮直径一般取 0.5～0.9 倍的工件孔径。工件孔径小时取较大倍数，反之取较小倍数。砂轮宽度一般取 0.8 倍的孔深。磨削非淬硬钢时，一般选用棕刚玉 ZR2～Z2，46～60 号磨削砂轮；磨削淬硬钢时，一般选用棕刚玉、白刚玉、单晶刚玉 ZR1～ZR2，46～80 号砂轮。

(2) 磨削用量选择。砂轮圆周速度一般取 20～25m/s。工件的圆周速度一般取 20～25m/min，工件表面质量要求较高时工件圆周速度取较低值。磨削深度即工作台往复一次的横向进给量，粗磨淬火钢时一般取 0.005～0.2mm，精磨淬火钢时一般取 0.002～0.01mm。粗磨时纵向进给速度一般取 1.5～2.5m/min，精磨时取 0.5～1.5m/min。

(3) 工件的装夹。对于类似导套的较短工件，一般采用三爪自定心卡盘来装夹；对于较小矩形模板上的型孔的磨削加工，一般采用四爪单动卡盘来装夹模板；对于大型模板上的型孔、导柱、导套孔的磨削加工，一般采用在法兰盘上用压板装夹工件；对于较长轴孔的磨削，一般采用卡盘和中心架装夹工件。

8.2.6 砂轮的安装与修整

砂轮的安装如图 8.13 所示，由于砂轮工作转速较高，在安装砂轮前应对砂轮进行外观检查和平衡试验，确保砂轮在工作时不因有裂纹而分裂或工作不平稳。

砂轮经过一段时间的工作后，砂轮工作表面的磨料会逐渐变钝，表面的孔隙被堵塞，切削能力降低；同时砂轮的正确几何形状也被破坏。这时就必须对砂轮进行修整。修整的方法是用金刚石将砂轮表面变钝了的磨粒切去，以恢复砂轮的切削能力和正确的几何形状，如图 8.14 所示。

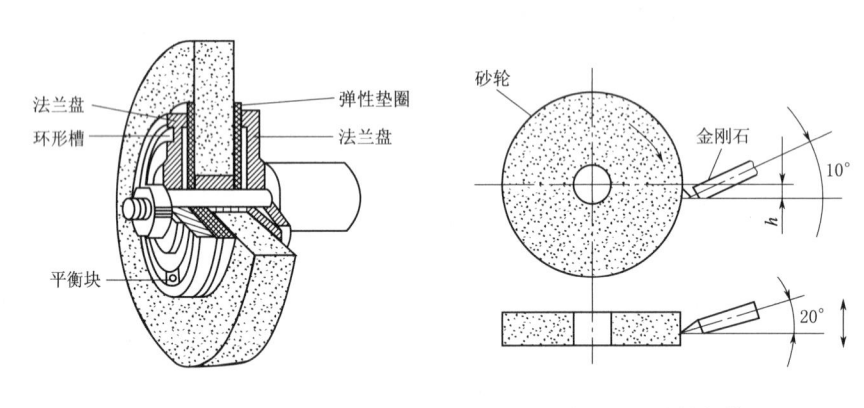

图 8.13 砂轮的安装　　　　图 8.14 砂轮的修整

8.2.7 磨削基本操作

1. 平面磨削

(1) 工件的装夹。磨削平面时，一般是以一个平面为基准磨削另一个平面。若两个平面都要磨削且要求平行时，则可互为基准，反复磨削。磨削中小型工件的平面，常采用电磁吸盘工作台吸住工件，电磁吸盘工作台的工作原理如图 8.15 所示，1 为钢制吸盘体，在它的中部凸起的芯体 A 上绕有线圈 2，钢制盖板 3 被绝磁层 4 隔成一些小块。当在线圈 2 中通直流电时，芯体 A 被磁化，磁力线由芯体 A 经过盖板 3—工件—盖板 3—吸盘体

1—芯体 A 而闭合（图中用虚线表示），工件被吸住。绝缘层由铅、铜或巴氏合金等非磁性材料制成，它的作用是使绝大部分磁力线都能通过工件再回到吸盘体，而不能通过盖板直接回去，这样才能保证工件被牢固地吸在工作台上。

（2）磨削平面。磨削平面的方法通常有周磨法和端磨法两种。在卧轴矩台平面磨床上磨削平面，由于采用砂轮的周边进行磨削，通常称为周磨法，如图 8.16（a）所示；在立轴圆台平面磨床磨削，采用砂轮端面进行磨削，称为端磨法，如图 8.16（b）所示。

平面磨削时，因砂轮与工件的接触面积比磨外圆时要大，因而发热多并容易堵塞砂轮，故要尽可能使磨削液进行加工。特别是对于精密磨削加工，这点尤其重要。

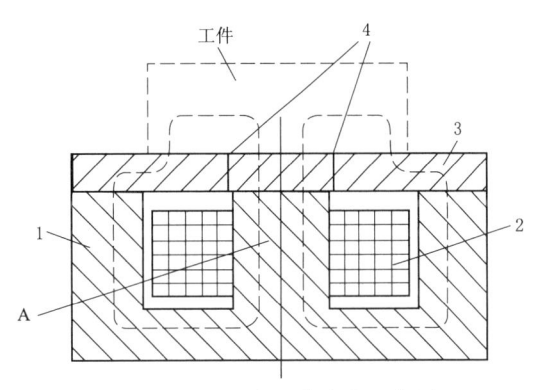

图 8.15 电磁吸盘工作台的工作原理
1—吸盘体；2—线圈；3—盖板；4—绝缘层；A—芯体

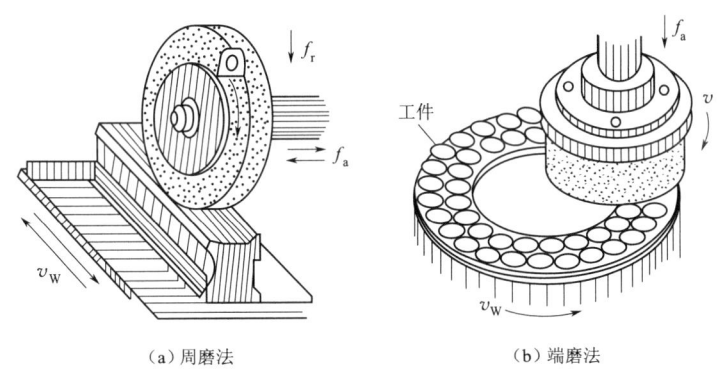

（a）周磨法　（b）端磨法

图 8.16 周磨法和端磨法示意图

2. 外圆磨削

（1）工件的安装。磨削外圆时，最常见的安装方法是用两个顶尖将工件支承起来，或者工件被装夹在卡盘上。磨床上使用的顶尖都是死顶尖，以减少安装误差，提高加工精度，如图 8.17 所示。顶尖安装适用于有中心孔的轴类零件。无中心孔的圆柱形零件多采用自定心卡盘装夹，不对称的或形状不规则的工件则采用单动卡盘或花盘装夹。此外，空心工件常安装在心轴上磨削外圆。

（2）磨削外圆。工件的外圆一般在普通外圆磨床或万能外圆磨床上磨削。外圆磨削一般有纵磨和横磨两种方式。

1）纵磨法。如图 8.18（a）所示，纵磨法磨削外圆时，砂轮的高速旋转为主运动，工件作圆周进给运动的同时，还随工作台作纵向往复运动，实现沿工件轴向进给每单次行程或每往复行程终了时，砂轮做周期性的横向移动，实现沿工件径向的进给，从而逐渐磨去工件径向的全部留磨余量。磨削到尺寸后，进行无横向进给的光磨过程，直至火花消失为止。由于纵磨法每次的径向进给量少，磨削力小，散热条件好，充分提高了工件的磨削

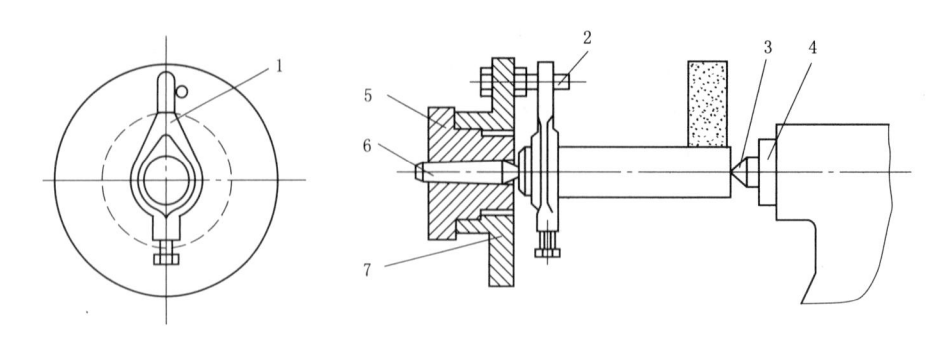

图 8.17　外圆磨削时工件的装夹
1—夹头；2—拨杆；3—后顶尖；4—尾架套筒；5—头架主轴；6—前顶尖；7—拨盘

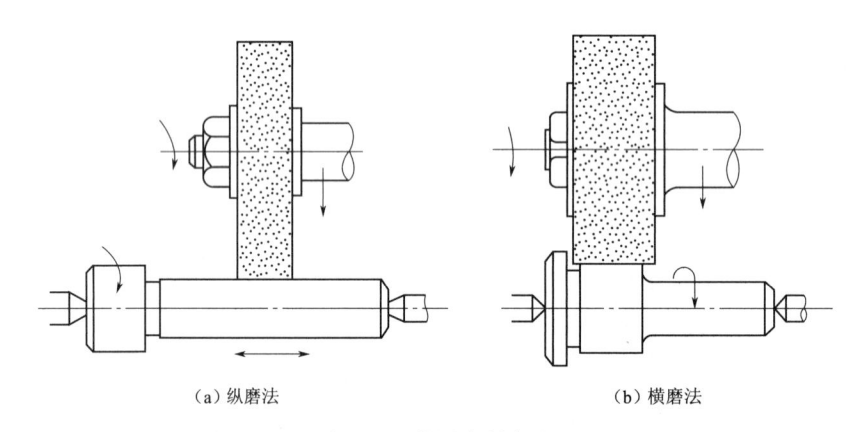

（a）纵磨法　　　　（b）横磨法

图 8.18　外圆磨削方法

精度和表面质量，能满足较高的加工质量要求，但磨削效率较低。纵磨法磨削外圆适合磨削较大的工件，是单件、小批量生产的常用方法。

2）横磨法。如图 8.18（b）所示，采用横磨法磨削外圆时，砂轮宽度比工件的磨削宽度大，工件不需作纵向（工件轴向）进给运动，砂轮以缓慢的速度连续地或断续地作横向进给运动，实现对工件的径向进给，直至磨削达到尺寸要求。其特点是：充分发挥了砂轮的切削能力，磨削效率高，同时也适用于成形磨削。然而，在磨削过程中，砂轮与工件接触面积大，使得磨削力增大，工件易发生变形和烧伤。另外，砂轮形状误差直接影响工件几何形状精度，磨削精度较低，表面粗糙度值较大。因而必须使用功率大、刚性好的磨床，磨削的同时必须给予充分的切削液以达到降温的目的。使用横磨法，要求工艺系统刚性要好，工件宜短不宜长。短阶梯轴轴颈的精磨工序通常采用这种磨削方法。

（3）磨削外圆锥面。磨削外圆锥面与外圆面的操作基本相同，只是工件和砂轮的相对位置不一样，工件的轴线与砂轮轴线偏斜一个锥角，可通过转动工作台或头架形成，如图 8.19 所示。

3. 内孔磨削

利用外圆磨床的内圆磨具可磨削工件的内圆。磨削内圆时，工件大多数是以外圆或端面作为定位基准，装夹在卡盘上进行磨削的，如图 8.20（a）所示。磨内圆锥面时，只需

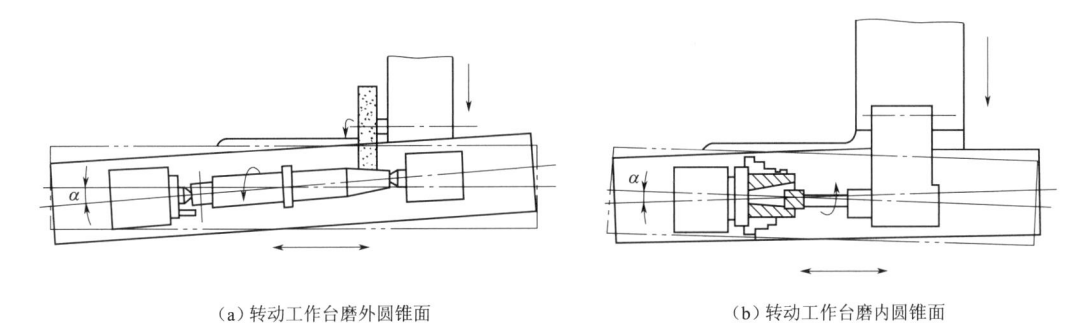

(a)转动工作台磨外圆锥面　　　　　　　　(b)转动工作台磨内圆锥面

图 8.19　磨外圆锥面方法

将内圆磨具偏转一个圆周角即可，如图 8.20（b）所示。

与外圆磨削不同，内圆磨削时，砂轮的直径受到工件孔径的限制一般较小，故砂轮磨削较快，需经常修整和更换。内圆磨削使用的砂轮要比外圆磨削使用的砂轮软些，这是因为内圆磨削时砂轮和工件接触的面积较大。另外，砂轮轴直径比较小，悬伸长度较大，刚性很差，故磨削深度不能大，从而降低了生产率。

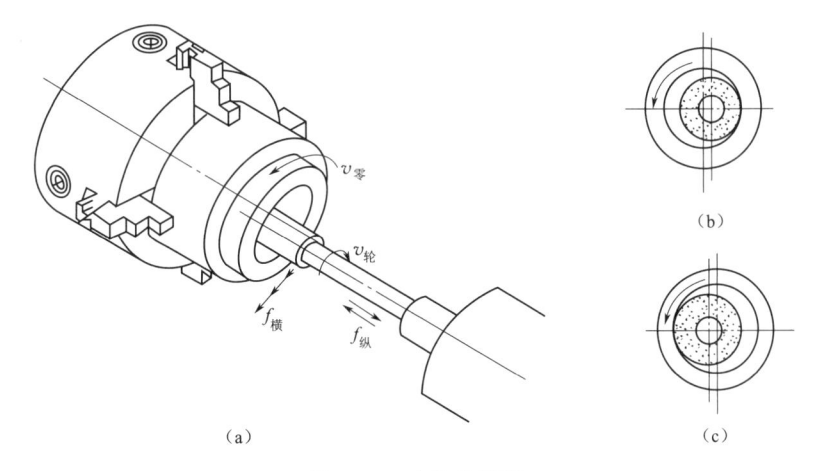

图 8.20　内孔的磨削

8.2.8　磨床安全生产和注意事项

（1）穿好工作服，扎紧袖口，女生长发必须戴上工作帽，不准穿凉鞋进入工作场地，工作时应戴上口罩和工作帽。

（2）检查机床各个部位是否正常，电磁工作台是否有效，检查防护罩是否完好牢固。按润滑部位或图表所示位置加油，打开总开关，使机床空转 3~5min，使机床各导轨充分润滑，并检查机床各种运动及声音是否正常，同时检查砂轮是否有损坏，待正常后才可进行工作。

（3）加工过程中不得离开机床，应密切注意加工情况，精力要集中，不准离开工作岗位，必须离开时，要停车关电源，工、量具应放在安全的位置。

（4）工件要夹牢，进刀速度不要太快，自动进给时，工作台进程要先按工件长短调整好。

（5）不准在工作台上堆放各种用品，不准戴手套，机床各部位扳动角度后，必须紧固好。

（6）磨床进行操作时，应避免正对砂轮和工件的旋转方向，以免发生意外。

（7）换砂轮时要检查新砂轮质量，用木榔头轻轻敲打砂轮侧面，检查有无裂纹，并需反复多次平衡。

（8）安装砂轮时要经检查正常才能使用。

（9）修整砂轮时，应使工作台处于中间位置，禁止用手拿金刚刀修磨砂轮。

（10）加工过程中要选择合适的切削用量和进给速度，在保证砂轮锋利的同时要加注充足的切削液，以免工件受力、受热过大而出现危险。

（11）在磨削中发现砂轮破碎时，不要马上退出，应使其停止转动后再处理。

（12）加工完成后，将机床各手柄停放在正确位置。砂轮停止转动后方可取下工件。

（13）再次加工时，应注意砂轮和工件之间的相对位置，以免因砂轮和工件距离不当，造成工件和砂轮受损及人身危险。

（14）操作完毕后清扫工作场地。将工、夹、量具擦净摆放整齐。

【练　习　题】

1. 牛头刨床主要由哪几部分组成？各部分有何作用？
2. 试述摆杆机构的主要作用。
3. 刨床的主运动和进给运动是什么？刨削运动有何特点？
4. 刨削加工有哪些工艺特点？
5. 什么叫磨削加工？它可以加工的表面主要有哪些？
6. 说明万能外圆磨床的主要部件及作用。
7. 说明磨削的工艺特点。
8. 影响磨削表面质量的因素有哪些？

第 9 章

焊 接

9.1 焊接概述

焊接是一种通过加热、加压或两者结合的方法,将金属或其他材料连接在一起的技术(图 9.1)。其基本原理是通过局部加热或施加压力使接合部的金属熔化或变软,并通过冷却使其形成坚固的接头。焊接它广泛应用于冶金、电力、锅炉和压力容器、建筑、桥梁、船舶、汽车、电子、航空航天、军工和军事装备等生产部门。常见的焊接方法包括弧焊、气焊、激光焊接、电子束焊接等。其中,弧焊利用电弧作为热源,分为手工电弧焊、气体保护电弧焊等多种类型。气焊则使用燃气和氧气混合的火焰作为热源,适用于较薄的金属材料。激光焊接通过高强度激光束局部加热材料,适合高精度和高强度的焊接要求。电子束焊接在真空环境下使用电子束加热材料,能够实现极高的焊接质量。焊接的质量受到材料的性质、焊接工艺、焊接设备及操作技能等多种因素的影响。焊接技术的发展不断推动着工业生产和技术进步,其应用领域也在不断扩展。

图 9.1 焊接操作示意图

9.2 电焊原理和过程

电焊是一种利用电能产生热量将金属材料连接在一起的焊接方法,主要包括熔化焊、压焊和钎焊 3 种基本类型。电焊的原理和过程可以分为以下几个步骤。

1. 电弧形成

电焊通常使用电弧作为热源。在焊接过程中，电焊机提供高电压电流，焊条（电极）接触金属表面时会产生电弧。电弧通过高温（可达到3000℃以上）使金属材料局部熔化。

2. 熔池形成

电弧产生的高温使焊接区域的金属熔化，形成一个小的熔池（即熔融状态的金属区域）。熔池随着电弧移动而延伸。焊条本身也逐渐熔化，填充到熔池中，形成焊缝。

3. 焊接过程

电焊过程可以通过手工或自动化设备进行。在焊条熔化的同时，焊接人员或机器控制电弧的移动速度和位置，保证焊接过程均匀和稳固。焊接时需要避免电弧过长或过短，确保熔池均匀分布。

4. 焊缝冷却和凝固

随着电弧离开熔池，熔化的金属开始冷却并凝固，形成焊缝。冷却后的焊缝将两个金属件牢固连接在一起。焊缝的质量取决于操作的均匀性、焊接温度的控制以及焊条的选择。

5. 保护气体或焊药

在一些电焊过程中，焊接时会使用保护气体或焊条自带的焊药来防止空气中的氧气和氮气与熔池中的金属反应，避免焊缝氧化或产生气孔。例如，氩弧焊使用惰性气体（如氩气）来保护焊接区域。

6. 完成焊接

当焊接完成后，通常需要清理焊接表面的焊渣（焊条熔化后留下的残渣）并进行检查，确保焊缝无裂纹、气孔等缺陷，达到预期的强度和耐久性。

7. 常见的电焊类型

（1）手工电弧焊（SMAW）：使用包覆焊条进行焊接，广泛应用于建筑、维修等领域。

（2）钨极气体保护焊（TIG）：使用钨电极和惰性气体（如氩气）保护焊接区域，适用于精密焊接。

（3）金属极气体保护焊（MIG/MAG）：使用连续的焊丝作为电极，保护气体避免氧化，常用于制造业中。

9.3 常用电焊设备

常用的电焊机有几种主要类型，每种类型适用于不同的焊接需求和应用（图9.2）。

1. 常见的电焊机类型

（1）手工电弧焊机。

特点：使用电弧加热金属并通过手工操作电焊条进行焊接。适用于各种钢材和一些非铁金属的焊接。

优点：设备简单、操作方便，适合现场维修和小型焊接工作。

缺点：焊接速度较慢，对焊工技术要求较高。

(2) 气体保护焊机。

MIG（Metal Inert Gas）：使用惰性气体（如氦或氩）保护焊接区域，适合焊接铝、铜等非铁金属。

MAG（Metal Active Gas）：使用活性气体（如二氧化碳）作为保护气体，主要用于焊接碳钢和低合金钢。

优点：焊接速度快，焊缝美观，适合薄板焊接和生产线焊接。

缺点：对操作环境要求高，需要干净的焊接区域和气体保护。

（3）钨极氩弧焊机。

特点：使用钨极作为电极，通过氩气保护焊接区域，焊接过程中可以手动添加填充材料。

优点：能够焊接高质量的接头，适合精密和薄板焊接，焊接效果美观。

缺点：设备较贵，操作复杂，对焊工技术要求高。

（4）埋弧焊机。

特点：使用自动送料的焊丝和覆盖焊剂，焊接过程中焊剂熔化形成保护层。

优点：焊接速度快，适用于大规模生产和厚板焊接，焊接质量高。

缺点：设备复杂，主要用于工厂和大型制造业。

（5）脉冲焊机。

特点：采用脉冲电流控制焊接过程，可以精确控制焊接热输入，减少热影响区。

（a）手工电弧焊　　　（b）气体保护焊机

图 9.2　常用的电焊机

优点：适合焊接薄板、高强度钢材和难焊材料，焊接质量高。

缺点：设备价格较高，操作需要专业培训。

2. 常用的焊条分类

电焊条是焊接过程中使用的一种材料，它根据不同的用途和特点有多种分类（表 9.1）。常用的电焊条分类包括：

（1）按焊条材料类型分类。

碳钢焊条：用于焊接碳钢或低合金钢，具有良好的焊接性能和经济性。

合金焊条：含有较多的合金元素，用于焊接合金钢和高强度钢，能提高焊接接头的强度和耐磨性。

不锈钢焊条：主要用于焊接不锈钢材料，具有良好的耐腐蚀性和耐高温性。

（2）按焊条涂层类型分类。

碱性焊条：涂层主要成分为碱性矿物质，能够提供优良的焊缝质量和低氢含量。

酸性焊条：涂层成分为酸性矿物质，适合于焊接不同类型的钢材，但容易产生氢气。

细粉焊条：涂层成分为细粉状材料，焊接时产生的烟雾较少，适用于各种焊接场合。

（3）按焊接方式分类。

手工电弧焊条：常用的焊条，适合手工操作，广泛用于各种钢材的焊接。

自动电弧焊条：用于自动化焊接设备，提供稳定的焊接质量。

表 9.1 焊 条 种 类

焊条种类	焊芯种类
低碳钢焊条	低碳钢焊芯
高强度钢焊条	低碳钢焊芯
低温钢、低合金钢焊条	低温钢或低合金钢焊芯
不锈钢焊条	不锈钢或低碳钢焊芯
Ni 和 Ni 金焊条	Ni 和 Ni 合金焊芯
Cu 和 Cu 合金焊条	Cu 和 Cu 合金焊芯
硬质合金堆焊焊条	低碳钢、合金钢或合金焊芯
铸铁焊条	Ni、N 合金或低碳钢、铸铁等焊芯

9.4 手工电弧焊实训

9.4.1 手工电弧焊实习的目的

手工电弧焊实习目的主要有以下几点。一是掌握焊接技能，学会正确使用手工电弧焊设备，熟练掌握引弧、运条、收弧等操作技巧，能够依据不同焊件需求合理选择焊接参数，如电流、电压与焊接速度，从而焊接出符合质量要求的焊缝，包括焊缝成型美观、无明显缺陷等。二是了解焊接原理，掌握电弧产生、熔池形成与凝固的过程及焊接参数对焊接质量的影响，以便在实践中灵活应对各种情况。三是提升安全防护意识，通过实习深刻认识焊接工作中的安全风险，如触电、弧光伤害等。

9.4.2 焊接辅助工具及材料

焊接的常用设备及工具材料有（图 9.3）：

(a) 电焊条　　　(b) 防护面罩　　　(c) 防护手套　　　(d) 焊接夹钳

图 9.3 常用的焊接辅助工具及材料

（1）交流电焊机或直流电焊机。

（2）电焊钳及电缆线，每台焊机配一套。

（3）焊接工作台。

(4) 防护面罩。

(5) 敲渣锤、扁錾及钢丝刷、夹钳、工作服、鞋、帽、手套。

(6) 焊接钢板。

9.4.3 实训操作要点

1. 选择合理的焊接电流

焊接过程中，焊接电流选择得是否恰当，对保证焊接质量有着极其重要的意义。焊接电流过大时，易产生烧穿、咬边、满溢、飞溅过大及外观成形不良等缺陷，使焊条药皮发红，裂开，过早脱落，丧失冶金性而影响焊接质量，使焊接无法顺利进行。电流过小时，易产生夹渣、电弧不稳，还会直接影响焊缝熔深出现未焊透等缺陷直接影响焊缝度。

总之，焊接电流的选择应在保证焊件不烧穿的情况下，使用较大电流，这样，通过与其他参数的配合既能保证焊缝质量又能提高警惕生产率降低成本。

要点：焊接过程中如何人工判断电流大小。

(1) 看飞溅大小：电流过大时，电弧吹力大，注意观察可发现大颗粒的铁水抽熔池飞溅，并伴随着发出较大的爆炸声；电流过小时，电弧吹力小，很少有铁水向熔池外飞溅，爆炸声很少或基本无爆炸声，此时，熔池中铁水和熔渣难以分清。

(2) 看焊缝成形，电流过大时，焊出的焊缝扁平，较低，熔深大，易出现咬边甚至浇穿等缺陷；电流过小，则易使焊缝高而窄，两侧与母材熔合不充分。

(3) 从焊条情况看：电流过大时，焊条过早发红，药皮成块脱落，熔化速度明显加快，电流过小时，焊条易粘住工件，电弧不稳；电流合适时，焊完后剩下的焊条头呈暗红色。

电流的选择主要与焊条规格（焊条直径）及所焊零件的厚度。但其他因素如：被焊金属的材料、焊缝的接头形式。空间位置甚至个人的习惯等也有影响。一般焊接电流强度与焊条直径的关系，见表9.2。

表 9.2　　　　　　　　　　焊接电流与焊条直径和钢板厚度的关系

母材厚度/mm	焊条直径/mm	焊接电流/A	母材厚度/mm	焊条直径/mm	焊接电流/A
3	2.5	50～70	6	3.2 4.0	110～120 120～140
4	2.5 3.2	75～90 80～100	7	4.0 5.0	130～150 160～180
5	3.2 4.0	100～120 110～130	9～10	4.0 5.0	150～170 180～200

2. 保持正确的焊条角度

焊条角度是指焊条与工件之间的夹角。焊条角度不正确易造成焊缝偏移。单边、熔合不良，夹渣等缺陷，甚至直接影响焊缝熔深和焊缝的外观成形。较理想的焊条角度应是焊条与工件两侧成90°，现焊接方向也成90°，这样在保证获得理想的熔深的同时还能获得良好的焊缝成形。但与焊接方向成90°比较难掌握，一旦出现与焊接方向夹角大于90°的情况，会出现焊渣越前的现象（即焊渣在电弧吹力的作用下流到还未来得及焊的板与板之间的间隙中），这样就可能使焊缝产生夹渣，尤其是内部夹渣。若焊条与焊接方向的夹角太小，不仅会影响焊缝熔深，还会使焊缝成形粗糙，若焊条与工件两侧不成 90°，则易出现焊道偏移或单边，熔合不良等缺陷。

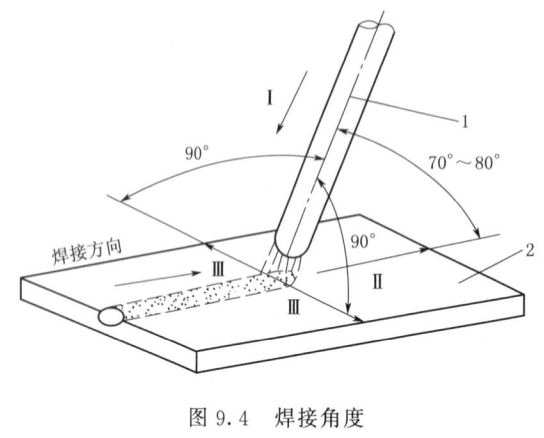

因此，从既能保证焊缝应有的熔深，又对焊缝成形影响不大，而且又较好掌握的角度出发，焊条应与工件两侧成 90°，而与焊接方向成 70°~80°为宜，如图 9.4 所示。

3. 保持合适的电弧长度

电弧长度取定于焊条末端到工件表面的距离。为保证焊接质量，焊接时，电弧长度应始终保持一致。为此，整个焊接过程中，焊条应沿其中心线不断均匀地往下送进，而且送进速度应等于焊条熔化速度。否则，电弧长度的变化会直接影响焊缝的宽度和熔深。根据电弧的长度，电弧可分为长弧（电弧长度大于焊条直径），短弧（电弧长度小于焊条直径）和正常弧（电弧长度等于焊条直径）3 种。电弧过长，会产生较大的飞溅，降低熔深，引起夹渣，咬边及外观成形不良等缺陷。同时，还会使气体保护效果减弱，易使有害气体（如氢气、氮气等）熔入焊缝而恶化焊缝金属的质量，降低机械性能，尤其是立焊、横焊、仰焊时，电弧过长还易产生焊瘤等缺陷。电弧过短，易使焊条末端与熔渣接触，而使焊缝外观粗糙影响成形，还会因电弧吹力过大使熔渣难以上浮而产生夹渣等缺陷。

图 9.4 焊接角度
1—电焊条；2—工件

总之，应根据焊接时的具体情况，选择恰当的电弧长度，一般使用碱性焊条时应尽量选择短弧施焊，一般不用长弧施焊。

4. 采取正确的运条方法

焊接时，焊条的运条方法将直接影响焊缝质量。运条方法不当，可使焊缝外观恶化，还可能产生咬边、焊瘤、未焊透、烧穿、满溢等外部缺陷以及不仅渣、气孔、熔合不良等内部缺陷。电弧引燃后，就进入正常的焊接过程，此时的运动实际上是 3 个方向的合成（即焊条往下送进焊条沿焊缝方向移动和为增大焊缝宽度的横向摆动）如图 9.5 所示。

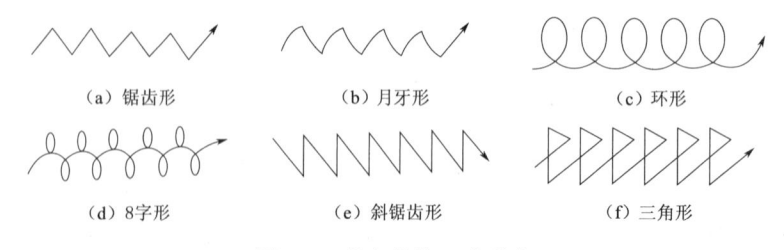

(a) 锯齿形　　　(b) 月牙形　　　(c) 环形

(d) 8字形　　　(e) 斜锯齿形　　　(f) 三角形

图 9.5 焊条焊接运动形式

焊条往下送焊是为了保持在整个焊接过程中电弧长度始终不变。因此，焊条递送速度和熔化速度应相等且应匀速送焊。

焊条沿焊接方向移动是为了形成焊缝。移动速度即焊接速度，应根据焊缝隙尺寸的要求、焊条直径、焊接电流、工件厚度、空间位置来决定。移动速度快，焊缝熔深浅，易出现未焊透、夹渣、气孔、焊缝过窄等缺陷；移动速度太慢，则易出现焊缝过高、过宽、工件过热导致烧穿并引起过大的焊接变形等缺陷；正常的焊接速度应以焊出的焊缝宽度相当于焊条直径的2～3倍为宜。

焊条的横向摆动主要是为了获得一定的焊缝宽度，只作直线移动而不横向摆动很难达到要求。焊条的横向摆动不仅可以增大焊缝的宽度还可以控制电弧对工件各部位的加热程度，以获取合乎要求的焊缝成形，同时还有得于熔池中熔渣和气体的上浮，减少产生气孔和夹渣的可能性。在实际工作中，焊接工作者创造了许多横向摆动的方法，目前生产中常用的几种运条形式，如图9.5所示。

通过实习，正确理解上述5个方面的流速并能合理运用在实践中不断摸索是获取良好的焊缝成形的关键。

5. 选择正确的焊接姿势

焊接姿势可以蹲、坐、站（图9.6），蹲姿和站姿主要用在移动作业中，比较灵活，而坐姿稳定性比较好，训有专业的焊接工位，可采用坐姿焊接。

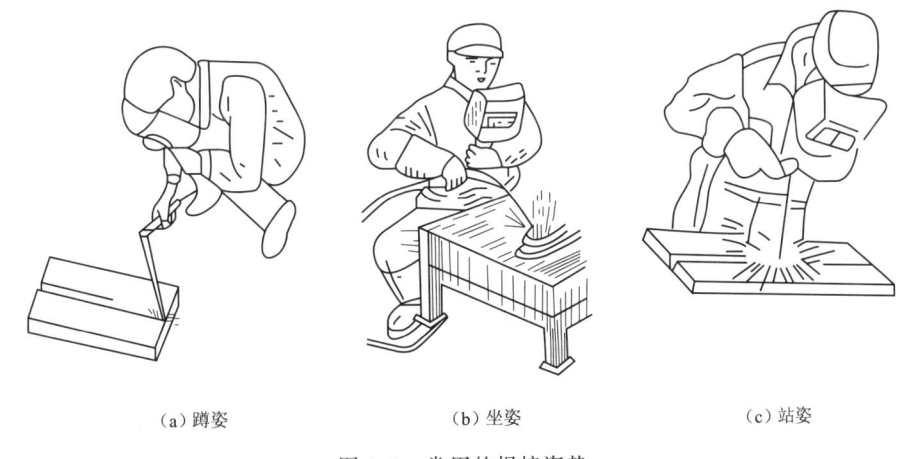

(a) 蹲姿　　　　　　(b) 坐姿　　　　　　(c) 站姿

图 9.6　常用的焊接姿势

9.4.4　焊接操作实习

1. 焊接姿势

焊接时身体面向工作台坐稳，左手持面罩，右手握焊钳，身体保持自然状态，身体处于向任意方向进行焊接的姿势。手握焊钳要自然，以使手臂能轻松自如地动作。把焊钳线尽量拉到身边来，防止电缆线中途突然下滑而影响稳定操作。

2. 引弧

引弧准备工作，先将练习用钢板水平放在工作台上，将钢板上的油污，铁锈等用钢丝刷清理干净。将准备好的ϕ2.5mm电焊条尾端钢材裸露处放在焊钳内夹住，以便通电，焊接电流定在80A。

焊接开始时，首先要引弧，引弧时必须将焊条末端与工作表面接触造成短路，然后迅速将焊条向上提起2～4mm距离，电弧即可引燃。引弧的方法有两种：一种是直击法，

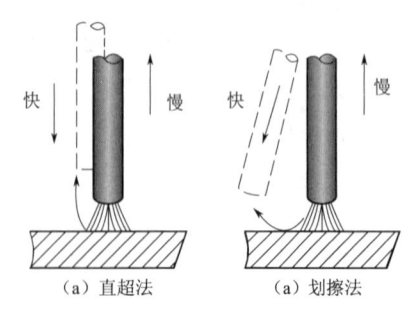

图 9.7 引弧方法

另一种为划擦法，如图 9.7 所示。

直击法引弧是将焊条垂直地接触工件表面，当形成短路后立即把焊条提起，电弧即可引燃，用此法引弧较难掌握，尤其是使用碱性焊条焊接时，易使焊条粘在工件上，但这种方法可以减少对工件表面的划伤，一般要求较高而且表面不允许划伤的零件宜用直击法引弧。划擦法引弧，与划火柴的动作相似，让焊条末端与工件表面轻轻擦过迅速提起 2～4mm 距离，即可引燃电弧。此法引弧容易划擦，擦长度以 15～20mm 为宜。

引弧的动作都应快而小，因引弧动作太慢焊条易粘住工件，动作太大刚引燃的电弧又会熄灭。当发生粘条现象时，不要慌张，应迅速左右摆动使焊条与工件脱离，难以摆脱时，应迅速松开焊钳取下焊条，重新引弧，引弧的具体步骤如下：

(1) 将焊条牢靠地夹持在焊钳上，并使焊条与焊钳内侧成 70°左右夹角。
(2) 使焊条尽量接近工件表面始焊部位，并保持 5～10mm 左右的距离。
(3) 用面罩遮护好面部。
(4) 用直击法或划擦法引弧。
(5) 断弧：拉断电弧前，将电弧稍微压短，然后迅速拉断电弧。

3. 运条方法

按引弧时的操作要领，在始焊点前面 10～20mm 处引燃电弧，迅速退回到开始处。将电弧迅速压低到焊接所需的正常弧或短弧，焊条与母材两侧保持 90°，与焊接方向保 70°～80°夹角。随着焊条的熔化，将焊条均匀地往熔池中送进并控制好长度，使其始终处于稳定姿态，同时电弧均匀地自左向右移动，移动速度以焊出焊颖的宽度为焊条直径的 2～3 倍为宜。焊缝的高度以 1±0.5mm 为宜。焊缝终点弧坑的处理：当焊缝焊完时，在焊缝的尾部会留下一个低于焊件表面的后坑，称为弧坑，过深的弧坑会降低焊缝收尾处的强度。也易引发弧坑裂纹，若用碱性焊条施焊时，收尾动作不当还易引起气孔，因此弧坑收好与否将直接影响焊缝质量，丝毫马虎不得。

目前，手弧焊时通常采用的收弧坑方法有以下 3 种：

(1) 画圈收尾法。这种收尾方法的操作要领主要是：焊至收尾处时，将电弧压低，在收尾处做圆周运动 2～3 圈以填满弧坑为准，然后拉断电弧。此法薄板不宜采用此法，因加热时间较长，无冷却间隙时间，易烧穿工件，如图 9.8（a）所示。

(2) 反复断弧收尾法。这种收尾方法的要领主要是：焊至收尾处时将电弧熄灭，停留 1～2 秒钟，再引燃电弧，再熄灭，再引燃，反复数次直到弧坑填满。这种方法由于有熄弧时间，熔池能得到充分冷却，不易烧穿工件，适合于薄板的焊接及大电流焊接和多层焊低层焊缝的焊接。但碱性焊条不宜使用，否则弧坑易出现气孔。

(3) 回焊收尾法。这种收尾方法的操作要领主要是：焊到收尾处稍做停留，同时改变焊条（与原焊接方向相反 70°～80°）再稍微后移 10～15mm（即与前面焊缝重叠10～15mm）然后慢慢拉断电弧，这种方法多用于碱性焊条焊接时收尾。如图 9.8（b）所示。

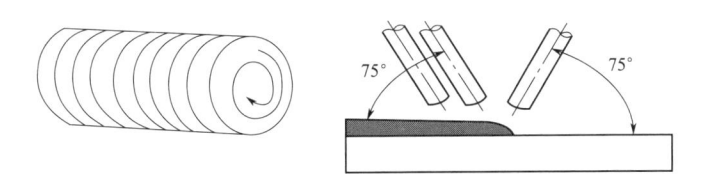

(a) 画圈收尾法 　　　　　　　　(b) 回焊收尾法

图 9.8　常用的收尾方法

实习时，要求同学掌握好这 3 种收弧坑的方法。

9.5　焊接实训安全操作规程

（1）焊接实习场地不允许堆栈放易烧易爆物品。
（2）焊接实习场地中和备用钢板应堆放整齐有序。已焊完的钢板应及时清除出去。
（3）焊接实习场地应经常保持整洁卫生，工作结束后及时清扫。
（4）焊后应将电缆线、焊钳及其他辅助用具按要求摆事实放整齐有序。
（5）正确使用劳动保护用品。
（6）实习期间，学生应按要求穿戴好工作服、工作鞋、帽、手套等、手腕、胳膊、脚等不得裸露在外面以防止高温烫伤皮肤。
（7）正确使用面罩，根据个人的视力状况及焊接时选用电流的大小准确地选择好护目玻璃。
（8）认真检查焊接线路，检查焊机是否处于开启状态，检查焊机是否有良好的接地装置，检查熔断的容量及保险丝是否合格，检查一次和二次电缆是否破损处，连接是否靠，有无松动之处，检查焊钳的绝缘部分是否破损和松动以及焊钳的夹持性能是否可靠。检查焊机的电流调节系统是否灵活可调。

手工电弧焊工艺简介

【练　习　题】

1. 简述焊条电弧焊的基本原理。
2. 焊接过程中产生气孔的主要原因有哪些？
3. 手工电弧焊的常见缺陷有哪些？如何预防？
4. 手工电弧焊时如何选择焊接电流？
5. 手工电弧焊中焊条药皮的作用是什么？
6. 手工电弧焊作业时，如何预防触电事故？
7. 手工电弧焊过程中怎样防止弧光辐射对人体的伤害？
8. 手工电弧焊时如何做好防火防爆措施？

第 10 章

3D 打 印

10.1 概 述

3D 打印技术，又称为增材制造，是一种通过逐层添加材料来创建三维物体的制造技术。与传统的减材制造（如切削和铣削）不同，3D 打印通过从数字模型中逐层构建，能够生产出形状复杂的物体。这一技术起源于 20 世纪 80 年代，由查克·赫尔（Chuck Hull）发明了第一台立体光刻（SLA）打印机。早期，3D 打印主要用于原型制作和产品开发，但随着技术的进步和成本的降低，它现在被广泛应用于多个领域，包括医疗、航空航天、汽车制造、建筑、消费品等。是一种通过逐层添加材料来创建三维物体的制造过程。这种技术的出现，标志着传统制造方式的一次重大变革，它允许我们根据数字模型直接制造复杂的物体，不需要任何模具或工具。3D 打印的起源可以追溯到 20 世纪 80 年代，最早的技术被称为立体光刻（Stereo-lithography，SLA）。随着时间的推移，更多的技术和方法被开发出来，包括选择性激光烧结（SLS）、熔融沉积建模（FDM）和数字光处理（DLP）等。每种技术都有其独特的优势和适用范围。3D 打印技术广泛应用于医疗、航空航天、汽车制造、建筑以及消费品等领域。在医疗领域，3D 打印可以用于定制假体和植入物；在航空航天领域，3D 打印可以制造复杂的零部件，减少重量和材料浪费。

3D 打印的特点如下：

（1）优点。

1）设计自由度：能够制造复杂的几何形状和内部结构，传统制造方法难以实现的复杂形状可以轻松打印。

2）定制化：可以根据个人需求定制产品，如定制的医疗器械和个性化消费品。

3）材料节约：通过精确地逐层添加，减少了材料的浪费。

4）快速原型制作：快速生产原型，加速产品开发周期。

（2）缺点。

1）打印速度：目前的 3D 打印技术仍然较慢，尤其是在大规模生产中，打印速度和生产效率是一个瓶颈。

2）材料限制：虽然材料种类在增加，但许多高性能材料仍然无法通过 3D 打印实现。

3）成本问题：高质量的 3D 打印机和材料成本较高，限制了其在某些行业的普及。

4）表面质量：打印出来的物体表面可能存在层间接缝和不平整，需要后处理来改善外观和功能。

10.2 3D打印种类

1. 熔融沉积建模（FDM）

FDM 是一种最为普及的 3D 打印技术，它通过将热塑性塑料（如 PLA 或 ABS）加热到熔融状态，然后逐层沉积来构建物体。FDM 打印机通常具有较低的成本，并且适用于家庭和教育环境。

2. 立体光刻（SLA）

SLA 利用紫外激光在光敏树脂表面上逐层固化，从而形成物体。由于其高分辨率和优质的表面光滑度，SLA 非常适合制造精细的零部件和原型。

3. 选择性激光烧结（SLS）

SLS 通过激光熔化粉末状的材料（如尼龙或金属），逐层构建物体。SLS 打印机能够打印出复杂的几何形状，且无须支撑结构，这使其在工业制造中广泛应用。

4. 数字光处理（DLP）

DLP 技术使用数字光源（如 LCD 或 DLP 投影仪）照射光敏树脂，进行逐层固化。与 SLA 类似，DLP 也能实现高精度打印，但速度较快。

10.3 3D打印材料

（1）热塑性塑料：常见的热塑性塑料包括 PLA（聚乳酸）和 ABS（丙烯腈-丁二烯-苯乙烯）。PLA 生物降解，对环境友好；ABS 则具有较高的强度和韧性。

（2）光敏树脂：光敏树脂用于 SLA 和 DLP 技术，具有高分辨率和光滑的表面，但通常需要后处理来去除未固化的树脂。

（3）金属：金属 3D 打印材料包括不锈钢、钛合金等，适用于高强度和耐高温的应用。

（4）陶瓷：陶瓷材料可以通过 3D 打印制造高精度的耐高温和耐磨损部件，广泛应用于航空航天和电子设备中。

10.4 3D打印机结构和功能

3D 打印机是一种通过逐层堆积材料来制造三维物体的设备。其主要机构包括喷头或打印头、工作平台、供料系统、控制系统和驱动系统（图 10.1）。

（1）打印头（喷头）是 3D 打印机的核心组件之一，负责将打印材料（如塑料、树脂或金属）按需挤出并沉积在打印平台上。它通常包括一个加热元件、一个挤出器（用于推动材料）和一个喷嘴（用于将熔融材料精确地沉积到打印表面）。其中，加热元件负责将材料加热到熔融状态，使其能够被挤出和沉积。喷嘴控制材料的流量和精确度，决定了打印的细节和分辨率。部分打印头配有冷却风扇，用于快速冷却和固化打印材料，防止在打印过程中变形。

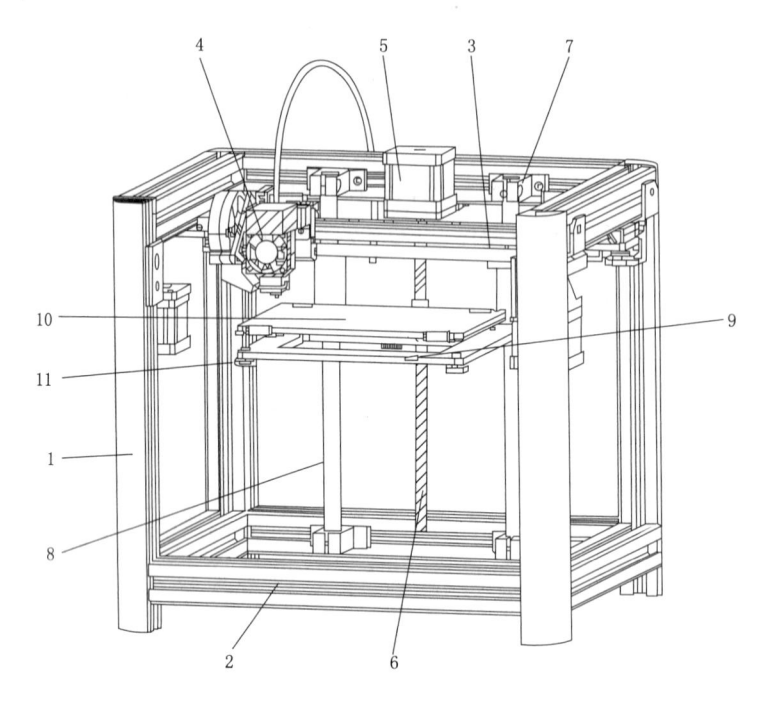

图 10.1　3D 打印机基本结构图

1—外框架；2—桁架；3—导轨；4—打印喷头；5—步进电机；6—丝杠；7—滑块平台；
8—导柱；9—支撑平台；10—热床；11—调平螺母

（2）打印平台（热床）是3D打印机的工作台，用于支撑正在打印的物体。它通常具有加热功能，以减少材料的翘曲和提高附着力。一些打印平台配备自动或手动调平系统，确保平台在打印开始时处于水平状态，以提高打印精度。

（3）打印机驱动系统控制打印头和打印平台的运动，决定了打印机的精度和速度。包括电机、传动带和滑轨，用于精确控制喷头和平台的运动。

（4）控制系统负责接收和处理来自计算机的指令，控制打印头、平台和运动机制的工作。它包括硬件和软件部分的设置功能。

（5）供料系统负责将打印材料从储存状态输送到打印头。不同类型的材料（如塑料丝、树脂、粉末等）有不同的供料方式。

（6）冷却系统由风扇或者冷却通道组成，用于在打印过程中快速冷却和固化材料，防止变形和改善表面质量。

（7）传感器和监控系统。通过温度或光学传感器监测和调整打印过程中的各种参数，如材料供给、平台温度和打印进度。

（8）外壳和结构提供了打印机的支持和保护，确保内部组件的稳定和安全。

10.5　切　片　软　件

3D打印机切片是将三维模型文件（如STL或OBJ格式）转换为打印机能够理解的

指令的过程。这些指令通常以 G-code 格式输出，用于指导打印机逐层构建物体。

（1）切片的主要步骤包括：

1）导入模型：将三维模型文件加载到切片软件中。这些模型通常是通过计算机辅助设计（CAD）软件创建的。

2）设置打印参数：根据需求设置打印参数，包括层厚度、填充密度、打印速度、支持结构类型等。这些设置会影响打印质量、强度和时间。

3）生成切片：切片软件将模型分解为多个水平切片，并生成每层的打印路径。这些路径指示打印头或喷嘴在每层上移动的位置。

4）优化切片：软件可能会对切片进行优化，以提高打印效率、减少材料浪费或改进打印质量。例如，它可以自动生成支持结构来帮助打印复杂的几何形状。

5）预览和调整：在切片完成后，用户可以预览打印路径和切片效果，以确保所有设置正确。必要时，可以进行调整以解决潜在问题。

6）导出 G-code：最终，切片软件将生成的指令保存为 G-code 文件，这个文件包含了打印机需要执行的具体操作步骤。用户将这个文件传输到 3D 打印机上，开始打印过程。

（2）常见的切片软件包括：

1）Tinkercad 是一款免费的在线 3D 设计工具，适合初学者。它提供了简单的界面和丰富的教学资源，便于快速上手。

2）Fusion 360 是一款功能强大的 3D 设计软件，适用于工程师和设计师。它结合了 CAD、CAM 和 CAE 功能，支持复杂的建模和模拟。

3）Blender 是一款开源的 3D 建模和动画软件，适用于创建艺术性和动画效果的 3D 模型。它具有丰富的功能和高度的自定义性，但学习曲线较陡峭。

4）SolidWorks 是一款工业级 CAD 软件，广泛用于机械设计和工程领域。它提供了强大的参数化建模功能，适合复杂的工程设计。

10.6 3D 打印设计流程

1. 基本流程

（1）概念设计。设计过程通常从概念设计开始，这涉及对产品功能和外观的初步构思。可以使用手绘草图或简单的 3D 模型来表达设计思路。

（2）详细建模。在详细建模阶段，设计师使用软件创建精确的三维模型。这包括定义尺寸、形状和材料属性，并进行详细的设计修改和优化。

（3）模型优化。优化模型是为了确保打印过程中的成功，避免常见问题如翘曲和支持不足。常见的优化方法包括减少过度复杂的几何形状和设计有效的支撑结构。

（4）导出和切片。完成设计后，需要将模型导出为适合打印的格式（如 STL 或 OBJ）。然后，使用切片软件将三维模型分割成适合打印的层，并生成打印路径。

2. 设计要点

（1）打印方向。打印物体的方向会影响其强度和外观。设计时需要考虑打印方向，以确保最终产品的性能和质量。

（2）支撑结构。复杂的几何形状可能需要支撑结构来支撑悬空部分。设计时需要合理规划支撑，以减少后期的清理工作。

（3）材料选择。不同材料具有不同的机械性能和打印要求。设计时需要选择适合的材料，以确保产品的强度和功能。

（4）后处理。打印完成后，可能需要对物体进行后处理，如打磨、喷漆或去除支撑结构。后处理可以改善产品的外观和性能。

3. 设计过程

设计过程通常从概念设计开始，涉及对产品功能、外观和需求的初步构思。可以使用草图或简单的 3D 模型来表达设计思路，并进行初步评估。

在详细建模阶段，使用设计软件创建精确的三维模型。这包括定义物体的尺寸、形状、材料属性，并进行设计修改和优化。

优化模型以确保打印过程的成功，避免常见问题如翘曲和支撑不足。常见的优化方法包括减少过度复杂的几何形状，设计有效的支撑结构，调整壁厚和尺寸。

完成设计后，需要将模型导出为适合打印的格式（如 STL 或 OBJ）。切片软件将三维模型分割成适合打印的层，并生成打印路径，生成 G-code 或其他控制指令。

10.7　3D 打印工艺设计要点

1. 打印方向

打印物体的方向会影响其强度和外观。设计时需要考虑打印方向，以确保最终产品的性能和质量。

2. 支撑结构

对于悬空部分和复杂的几何形状，通常需要设计支撑结构。设计时需要合理规划支撑，以减少后期的清理工作并保证打印的成功。

3. 材料选择

选择适合的材料对产品的强度、耐用性和外观至关重要。不同材料具有不同的机械性能和打印要求，需要根据应用场景和性能需求选择。

4. 后处理

打印完成后，通常需要对物体进行后处理，以改善外观和性能。常见的后处理包括打磨、喷漆、去除支撑结构、清洗未固化的材料等。

10.8　3D 打印在各领域的应用

1. 医疗领域

3D 打印能够根据患者的具体需求定制假体和植入物，提供个性化的解决方案。通过打印技术，可以制造出符合人体工学和医疗需求的产品，提升舒适度和功能性。通过打印患者的病灶模型，医生可以进行手术前的模拟和规划，提高手术的精准度和成功率。

3D打印技术可以用于药物研发中的剂型设计和药物释放机制的研究，为个性化医疗提供新的思路。

2. 航空航天领域

3D打印能够制造出复杂的轻量化部件，有效减少航空航天器的重量，提高燃油效率和性能。使用3D打印技术可以制造传统制造方法难以实现的复杂结构，如发动机部件和燃料喷嘴，提升设备的性能和可靠性。3D打印技术可以快速制造原型，缩短设计周期，加速新产品的开发和验证过程。

3. 汽车制造

3D打印可以快速制造汽车原型和零部件，用于验证设计和进行功能测试，缩短开发周期。可以根据用户需求定制汽车内饰件、外饰件和功能部件，提高个性化和舒适度。3D打印技术可以用于制造生产工具和模具，提高生产效率和减少模具成本。

4. 建筑领域

使用3D打印技术可以制造详细的建筑模型，帮助设计师和客户更好地理解建筑设计和规划。3D打印技术可以用于制造建筑部件，如砖块和墙体，提供新的建筑材料和建造方法。在灾后重建和应急住房领域，3D打印可以快速制造建筑构件，提供临时住房解决方案。

5. 消费品

3D打印技术使消费者可以定制个性化的消费品，如珠宝、配饰和家居用品，提升用户体验和满足个性化需求。制造复杂的玩具和模型，提供高自由度的设计和生产，满足市场对创新和独特产品的需求。3D打印为艺术家和设计师提供了新的创作手段，能够实现复杂的艺术作品和创新设计。

随着技术的不断进步，3D打印将在打印速度、精度和材料种类上取得更大的突破。未来的3D打印机将具备更高的自动化程度和智能化功能，能够支持更多类型的材料和复杂的制造需求。3D打印技术将继续在医疗、航空航天、汽车、建筑等领域扩展应用，并可能在其他领域如食品制造、环境保护等方面实现创新应用。3D打印将推动制造模式的变革，促进数字化、智能化制造的发展，实现更高效、更个性化的生产方式。同时，它也将带来新的商业模式和市场机会，推动产业链的升级和创新。

10.9　3D打印技术实操步骤

以创想三维3D打印机为例（图10.2）。

10.9.1　设备介绍

创维GS-02打印机通常具有简洁的外观设计，由打印主体、控制面板、进料系统、打印平台等部分组成。打印主体包含打印头、运动机构等关键部件，负责将材料逐层堆积，构建三维物体（表10.1）。

10.9.2　切片软件设置与操作

3D打印机切片软件是3D打印的关键工具。它能将三维模型文件转换为打印机可执

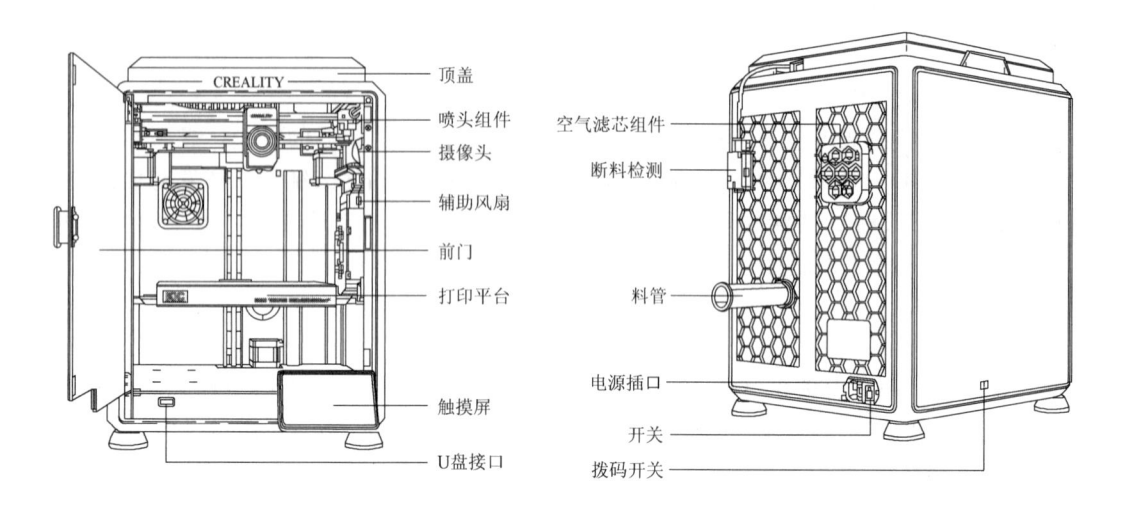

图 10.2　创想三维 3D 打印机结构图

表 10.1　　　　　　　　　创维 GS-02 打印机打印参数表

产品型号	GS-02
设备重量	12.4kg
设备尺寸	355mm×355mm×482mm
成型尺寸	220mm×220mm×250mm
成型技术	近端挤出
额定电压	100-120V～/200-240V
额定功率	50/60Hz 350W
兼容材料	PLA/TPU/PETG/ASA/ABS/PET/Carbon/PLA-CF/PA-CF
最高喷嘴温度	300℃
最高热床温度	100℃
屏幕	4.3 英寸触摸屏
打印方式	U 盘打印/局域网打印/创想云打印
自动调平	支持
摄像头	支持
断料检测，断电续打	支持

行的指令。常见的切片软件有 Ultimaker Cura、PrusaSlicer 等。切片软件可对模型进行缩放、旋转、定位操作，自动生成支撑结构以确保打印成功，还能设置打印参数如层高、填充密度等。通过切片预览和打印模拟功能，用户可提前发现问题。最后生成 G 代码文件传输给打印机，开启 3D 打印之旅。它极大地提升了 3D 打印的效率和质量。

印机切片软件的功能主要如下。

1. 模型导入与基本操作

(1) 格式支持与导入：支持常见的三维模型文件格式，如 STL、OBJ 等，以便将设计好的模型导入软件进行后续处理。

(2) 缩放、旋转与复制：能对导入的模型进行缩放操作，改变其大小以适应打印需求；可以旋转模型，调整其摆放角度和方向；还支持复制模型，方便快速创建多个相同的模型实例。

2. 模型定向与定位

(1) 优化摆放：通过合理的模型摆放，找到最适合打印的方向，减少打印时间、材料消耗以及支撑结构的使用。例如，将模型的较大平面放置在底部可以增加稳定性，减少打印过程中的晃动。

(2) 空间布局：可以在打印平台上对多个模型进行布局安排，确定它们之间的位置和间距，提高打印平台的空间利用率，一次打印多个模型。

3. 支撑生成

(1) 自动支撑：对于具有悬空部分的模型，软件会自动生成支撑结构，防止悬空部分在打印过程中因重力作用而下垂或变形，保证打印的成功率和模型的完整性。

(2) 支撑参数设置：允许用户调整支撑的类型、密度、粗细、角度等参数，以满足不同模型的需求。例如，对于一些精细的模型，可以设置较细的支撑结构，减少支撑对模型表面的影响。

(3) 切片分层：模型切割。根据设定的参数，将三维模型沿着高度方向虚拟地切割成一系列的水平薄片，每个薄片代表一个打印层。切片的厚度可以根据打印精度和打印时间的要求进行调整，较薄的切片可以提高打印精度，但会增加打印时间。

(4) 层序规划：确定每个切片层的打印顺序，规划打印机喷头或激光光源的移动路径，确保打印过程的顺利进行。

4. 参数设置

(1) 填充设置：可设置模型内部的填充密度和填充图案。填充密度影响模型的强度和重量，较高的填充密度可以使模型更加坚固，但会消耗更多的材料和打印时间；填充图案则决定了内部填充的方式，如网格状、蜂窝状等。

(2) 层高与喷嘴尺寸：调整打印层的高度，层高越小，打印出的模型表面越光滑，但打印时间会延长；选择合适的喷嘴尺寸，较小的喷嘴可以打印出更精细的细节，但打印速度会变慢。

(3) 打印速度与温度：设置打印机的打印速度，较快的打印速度可以缩短打印时间，但可能会影响打印质量；调整打印材料的温度，包括喷头温度和打印平台温度，以确保材料的流动性和黏附性。

5. 预览与模拟

(1) 切片预览：在打印之前，以二维或三维的形式展示模型的切片效果，用户可以查看每个切片层的形状、尺寸和位置，检查模型是否正确切片。

(2) 打印模拟：模拟打印过程，展示打印机喷头或激光光源的移动轨迹、材料的堆积过程等，帮助用户提前发现可能存在的问题，如碰撞、过热等，并及时调整参数。

6. 文件输出与传输

（1）G代码生成：将处理好的模型数据转换为打印机可识别的G代码文件，G代码包含了打印机执行打印操作的所有指令，如喷头的移动速度、位置、材料挤出量等。

（2）文件传输：支持将生成的G代码文件传输到打印机，可以通过USB数据线、SD卡、网络等方式进行传输，以便打印机读取文件并开始打印。

7. 模型修复与优化

（1）错误检测：能检测模型存在的问题，如破面、漏洞、重叠等，并提醒用户进行修复。

（2）修复工具：提供一些基本的模型修复工具，如修补破面、合并重叠部分、去除冗余顶点等，以提高模型的质量，确保打印的顺利进行。

（3）优化功能：对模型进行优化处理，如简化模型的几何结构、减少模型的面数等，降低模型的数据量，提高切片和打印的速度。

10.9.3　Creality Print 切片软件使用

创想三维 GS-02 打印机提供了 Creality Print 切片软件，该切片软件功能丰富齐全，操作简单便捷，切片质量优异。以下为该切片软件操作实例：

1. 软件界面及菜单

Creality Print 切片软件操作界面，如图 10.3 所示。

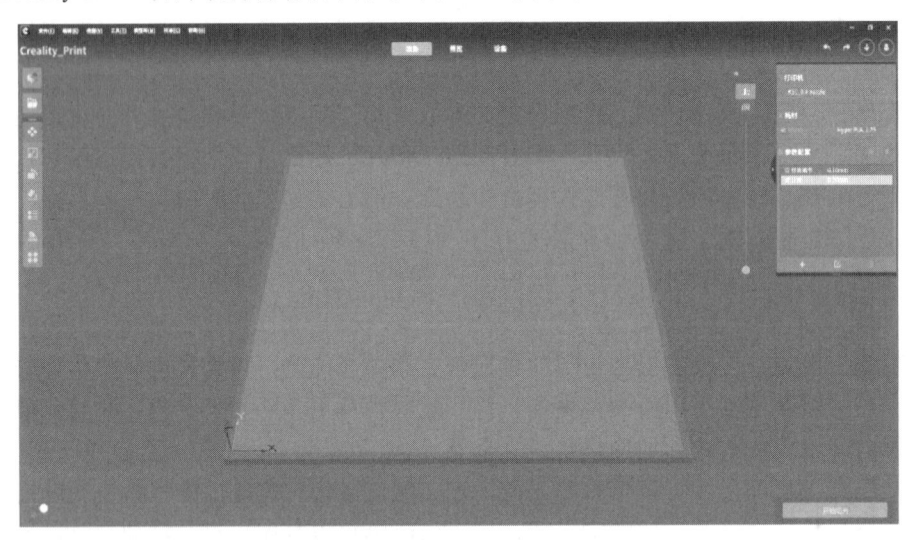

图 10.3　Creality Print 切片软件操作界面

Creality Print 提供了诸多的菜单功能（表 10.2）如下：

（1）文件：该菜单主要为模型文件的存储、编辑提供。

（2）编辑：该菜单主要为文件的访问。

（3）视图：提供多视角显示。

（4）工具：界面的设置，模型修复，耗材管理等。

（5）模型库：线上模型库，为使用者提供素材。

（6）校准：打印质量的参数设置。

（7）帮助：提供使用帮助。

表 10.2　　　　　　　　　　　Creality Print 切片软件操作菜单

文件	编辑	视图	工具	模型库	校准	帮助
撤销 恢复 Ctrl+S 复制 粘贴 删除模型 删除全部 Ctrl+X 克隆模型 Ctrl+S 拆分模型 合并模型 Alt+S 合并模型位置 全选模型	打开文件 打开工程 最近访问文件 最近打开工程 模型另存为 工程另存为 标准模型 关闭	按线显示 按面显示 按线面显示 前视图 后视图 左视图 右视图 俯视图 底视图 透视视图 正交视图	语言 主题换色 模型修复 打印机管理 耗材管理 日志查看	模型库	温度 流量 压力提前 最大体积流量 振纹测试 教程	关于我们 软件更新 使用教程 用户反馈 鼠标操作功能

2. 快捷按钮

快捷按钮位于软件界面左侧，一共有九个快捷按钮，见表 10.3。

表 10.3　　　　　　　　　　　快 捷 按 钮 功 能 表

图标	名称	说明	示意
	模型库	提供了线上的模型库，为操作者使用提供便利	
	打开文件	文件打开可支持 stl、obj、3ds、bmp、jpg、png、step 等多种文件模型和图片格式	
	移动	可对模型进行坐标位置设定，也可以通过居中、置底、重置快捷按钮进行设定	
	缩放	可以通过对零件 X\Y\Z 各个方向的尺寸比例改变大小	
	旋转	调整模型安放角度	

续表

图标	名称	说明	界面
	按面放平	调整底面	
	布局	有多种排版布局方式供使用者选择	
	支撑	可以自动、手动进行支撑设置	
	其他	包含（克隆、刻字、切割、镜像、打洞、测距、抽壳）等图像编辑功能	

3. 主功能

主功能界面有3个，分别是准备、预览和设备（图10.4）。

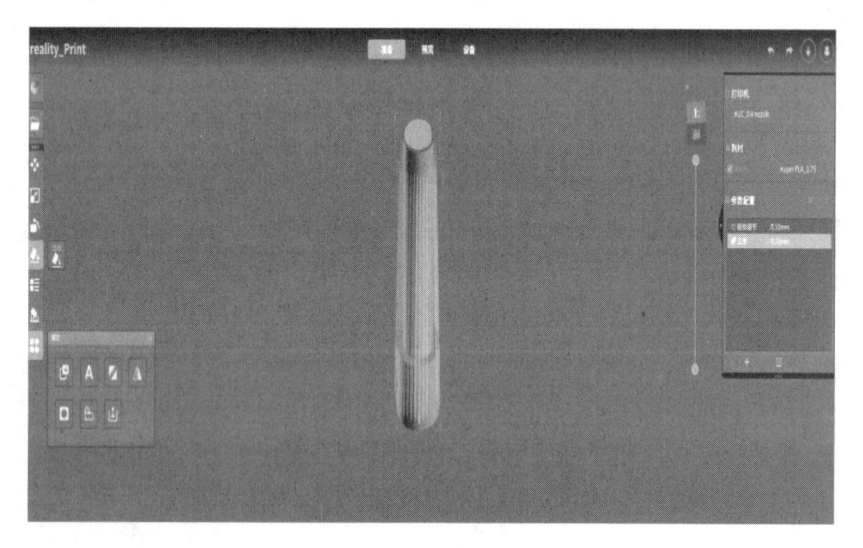

图10.4 主功能界面

（1）准备功能：在准备界面下，通过滑动右侧进度条可以观看模型不同高度的截面（图10.5）。

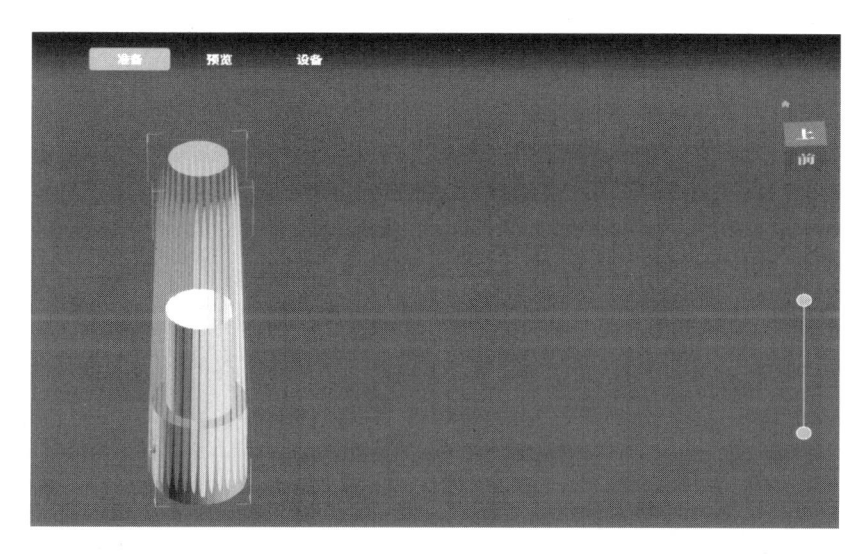

图 10.5　模型截面

从右侧打印机对话框可以进行打印机的选择和打印参数设置（图 10.6）。

打印机选择：根据实际购买型号进行选择（图 10.7）。

1) 耗材：根据打印要求进行耗材选择，GS-02 可兼容的打印材料很多，有 PLA、ABS 等。

2) 参数配置：日常使用，根据打印质量的要求选择极致细节或者正常即可。

3) 如果有特殊的打印需求，可选择编辑 按钮可进行打印的专业设置。

点击右下角的蓝色的"开始切片"按钮，即可对模型进行自动切片分层，完成打印分层设置。

（2）预览功能（图 10.8）。

1) 可对打印路径进行模拟，并可以调速和选择，方便使用者查找打印问题（图 10.9）。

2) 右边是 G-code 预览对话框，通过不同颜色观察打印路径和效果，可以滑动滚动条检查打印层（图 10.10）。

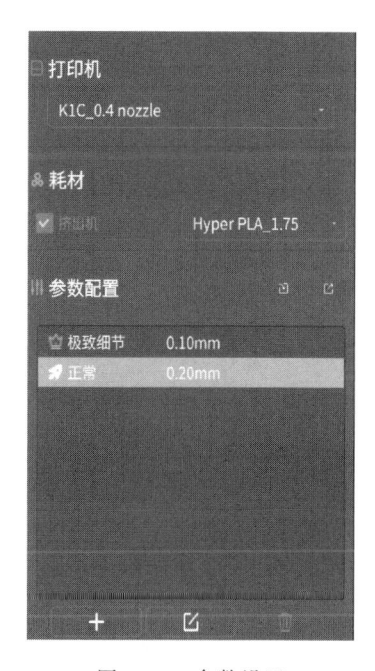

图 10.6　参数设置

3) 右下角为 3 种打印方式，局域网、本地、创想云（图 10.11），可以通过网络、U 盘、云平台进行打印文件的传输和打印，打印机连上 internet 网络后即可使用创想云打印，其中局域网打印，打印机和电脑必须在同一局域网内方可进行。

（3）设备功能。点击设备功能按钮，出现设备功能界面，该功能提供了与打印机网络连接功能，可以进行打印文件的网络传输、打印过程实时监控、打印参数调节等功能。

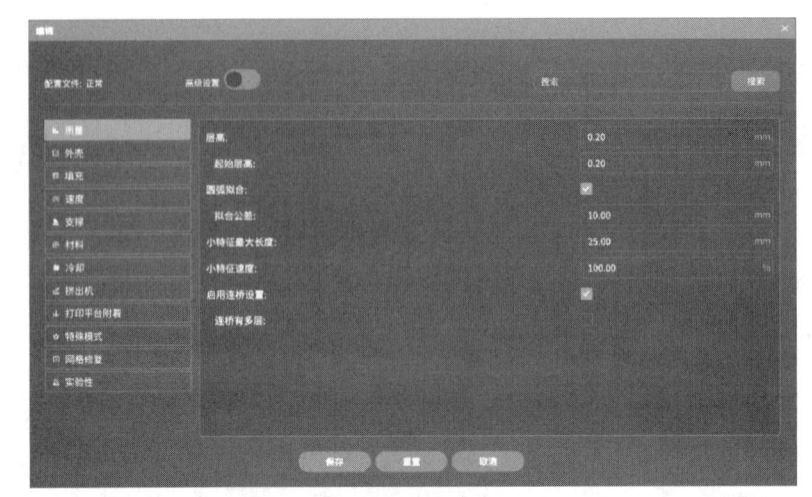

图 10.7　型号选择

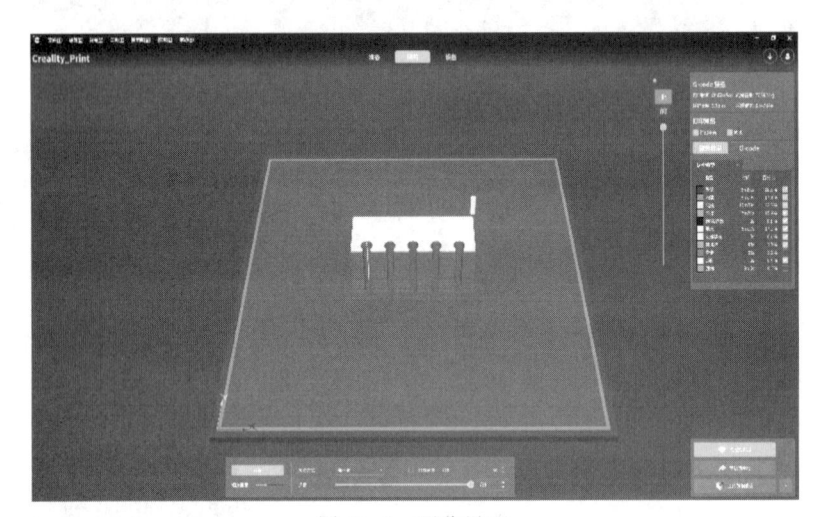

图 10.8　预览界面

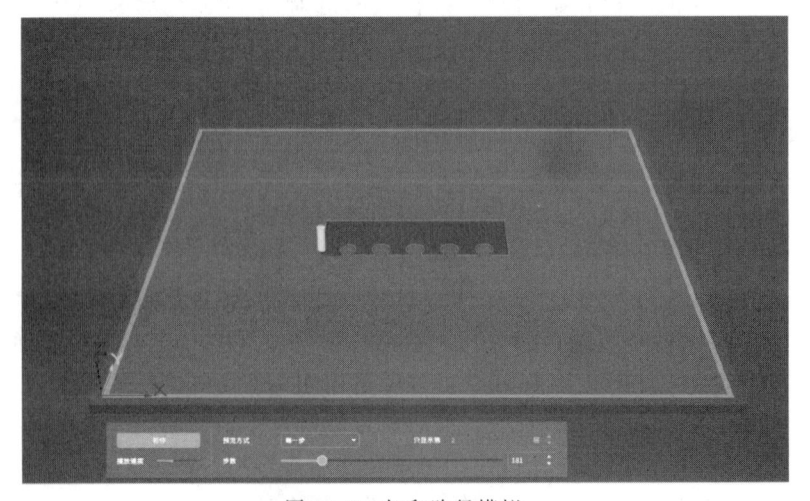

图 10.9　打印路径模拟

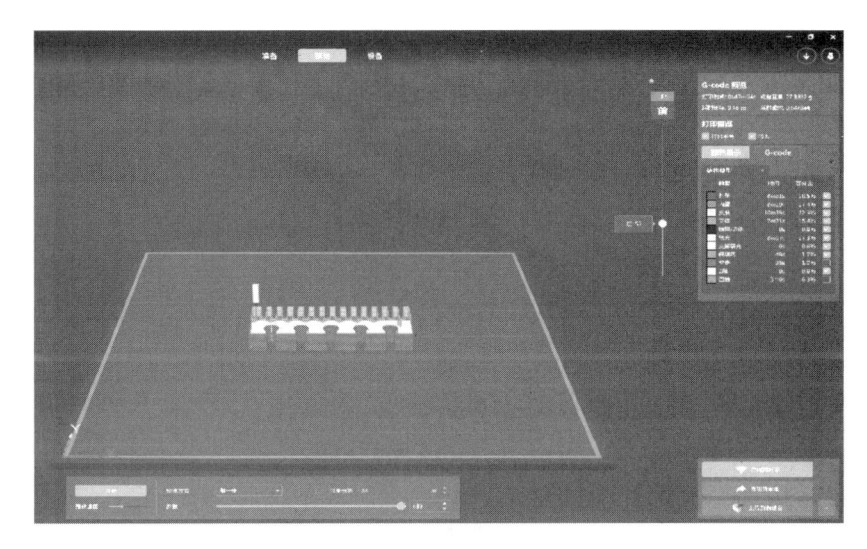

图 10.10　G-code 预览对话框

图 10.11　3 种打印方式

1) 当弹出添加打印机界面时，点击刷新，选择设备并添加（图 10.12）。

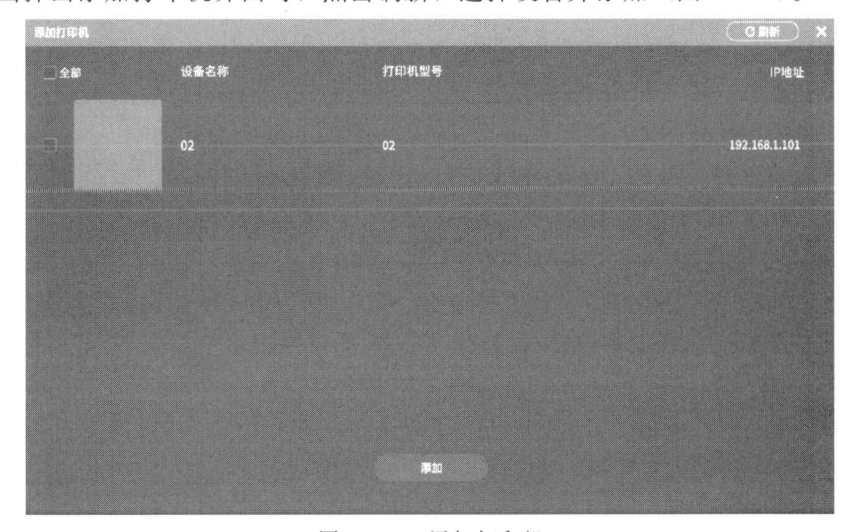

图 10.12　添加打印机

2)设备添加完成后,点击详情,便会进入打印设置、文件传输、打印监控界面,可在电脑上对打印机进行实时操作(图10.13)。

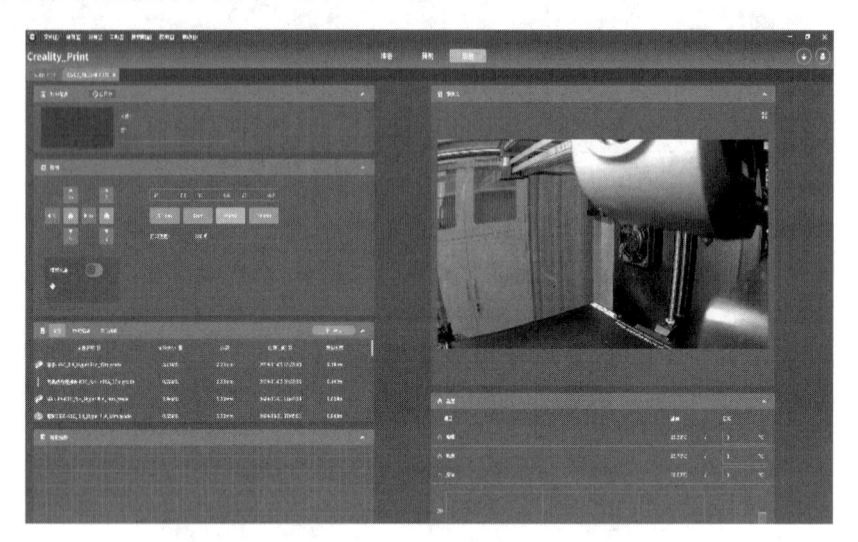

图 10.13 打印设置、文件传输、打印监控界面

4. 打印参数设置要求

(1)层厚。较小的层厚可以提高打印精度,但会增加打印时间。通常在0.1~0.3mm之间选择,具体根据打印需求和打印机性能决定。

(2)填充密度。决定模型内部的填充程度,影响强度和重量。一般在10%~100%之间调整,功能性零件可选择较高填充密度,展示性模型可降低填充密度以节省材料和打印时间。

(3)打印速度。过快的打印速度可能导致打印质量下降,出现层纹、拉丝等问题。较慢的打印速度可以提高打印质量,但会增加打印时间。根据打印机性能和材料特性进行调整,一般在30~100mm/s之间。

(4)温度设置。对于FDM打印机,需要设置喷头温度和打印平台温度。不同的材料有不同的最佳温度范围,如PLA通常在210~220℃之间,ABS通常在230~250℃之间。打印平台温度可以根据材料的黏附性进行调整,一般在50~100℃之间。

5. 基本打印流程

(1)用三维设计软件来创建物品模型,并保存为.stl格式文件导出。

(2)然后将导出的文件在切片软件Creality Print中打开。

(3)查看导入的模型在打印平台上的位置,可以通过调整坐标系数据来调整位置。

(4)打印机型号选择K1C-0.4,打印参数配置选择正常0.2mm,如需要高质量打印,可选0.1mm。

(5)单击开始切片按钮,可生成供打印机使用的code文件,并拷贝传入打印机。

(6)点击打印按钮,打印机自动检查,即可完成零件打印。

6. 注意事项

(1)调平注意不能刮到平台,若刮到平台,就会造成堵头。

（2）打印过程中注意在打印期间请勿关闭电源或是直接拔出存储卡，否则可能导致模型数据丢失。

（3）退料注意用手扶住耗材并向外拉（因为在退料的过程中，如果不及时趁着热度把料带出，材料就会很容易凝固打结在进料口内壁，造成堵头）。

（4）耗材注意不要将机器与耗材放在潮湿的地方，打印前检查耗材不能打结。

3D 打印简介

【练 习 题】

1. 目前市场上主流的 3D 打印材料有哪些？它们各自的特性和应用场景是什么？
2. 3D 打印技术的基本工作原理是什么？请详细解释逐层堆积的过程。
3. 3D 打印如何改变了产品设计和制造流程？请举例说明其在定制化、原型制作和复杂结构制造方面的优势。
4. 分析 3D 打印在不同行业（如医疗、航空航天、汽车、建筑等）的具体应用案例，并讨论其对这些行业的变革作用。
5. 3D 打印的优势和局限性有哪些？
6. 3D 打印的主要工艺类型有哪些？简要介绍其特点。
7. 3D 打印材料相关的安全问题有哪些？如何应对？

第 11 章

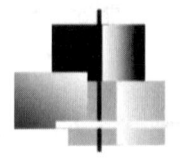

激 光 切 割

11.1 激光切割加工概述

激光切割加工是一种利用高能激光束对材料进行精密切割的技术。激光切割机通过聚焦激光束产生极高的温度,将材料加热到熔化或汽化状态,从而实现切割。该过程通常涉及将激光束集中到材料表面,通过计算机数控(CNC)系统控制激光的移动路径,实现高精度的切割。激光切割适用于多种材料,包括金属、塑料、木材和纸张等,其优点包括切割边缘光滑、精度高、无接触加工、废料少和适合复杂形状的加工。此外,激光切割机的操作速度快且自动化程度高,能够有效提高生产效率并降低人工成本。

11.2 激光切割的工作原理

激光切割的原理是将激光束聚焦成很小光点,使焦点处达到很高的功率密度。这时光束输入(由光能转换)的热量远远超过被材料反射、传导或扩散部分,材料很快加热至汽化温度,蒸发形成孔洞。随着光束与材料相对线性移动,使孔洞连续形成宽度很窄的切缝。激光切割的核心在于激光束的生成和控制。激光切割机通过以下步骤进行加工(图 11.1):

(1)激光产生:激光通过激光器产生,激光器通常包括激光介质(如气体、固体或液体)和激发源。激发源通过电流或光源激发激光介质,使其释放出光子,并通过光学谐振腔放大光子。

(2)激光束传输:激光束通过光纤或反射镜传输到切割头,传输过程中激光束保持高度的聚焦和能量。

(3)聚焦:在切割头中,激光束被聚焦到一个极小的点,从而集中高能量于材料表面。激光的高温使材料熔化或汽化,形成切口。

(4)切割:激光切割机通过计算机数控系统(CNC)控制激光束的移动路径,确保按设计图纸切割材料。

(5)排烟和冷却:切割过程中产生的烟雾和

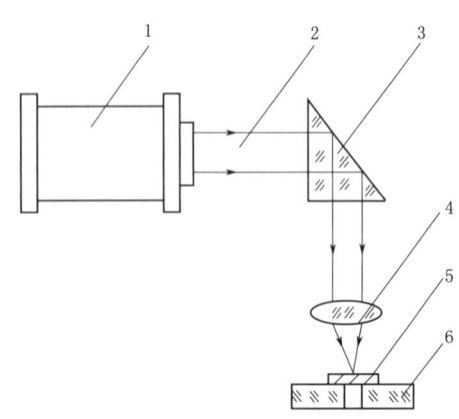

图 11.1 激光切割示意图
1—激光器;2—激光束;3—全反射棱镜;
4—聚焦物;5—工件;6—工作台

气体通过排烟装置处理，避免影响切割效果。冷却系统可以防止材料过热或变形。

11.3 激光切割的分类与特点

（1）常用的激光切割分为汽化切割、熔化切割和氧助熔化切割等。

1）汽化切割：主要用于极薄金属材料和非金属材料。当激光功率密度足够高时，材料表面温度迅速升高，达到沸点后材料开始汽化，蒸汽以高速喷出，在材料上形成切口。例如，对于厚度小于 0.1mm 的纸张、塑料薄膜等材料的切割。

2）熔化切割：适用于多种金属材料。激光束照射到材料表面，使材料熔化，同时通过辅助气体（如氧气、氮气等）将熔化的材料吹走，形成切口。像低碳钢、不锈钢等材料常用这种切割方式，切割厚度可以从几毫米到几十毫米不等。

3）氧助熔化切割：主要应用于碳钢等材料。在切割过程中，氧气作为辅助气体与熔化的金属发生化学反应，产生额外的热量，加速切割过程。这种方式能够提高切割速度，并且切割面相对比较光滑。

（2）激光切割的特点：

1）切割精度高：能够实现高精度的切割，切口宽度窄，一般在 0.1～0.5mm 之间，切割尺寸精度可达±0.1mm 左右，对于复杂形状的工件可以精确切割，如精细的金属工艺品、电子元件等。

2）切割质量好：切割面比较光滑，粗糙度 Ra 通常可以达到 $12.5～25\mu m$，热影响区小，材料变形小，这对于一些对材料性能和尺寸精度要求较高的工件（如航空航天零部件）非常重要。

3）切割速度快：根据材料的种类和厚度不同，切割速度有所差异。例如，切割厚度为 3mm 的碳钢，切割速度可以达到每分钟数米，大大提高了生产效率。

4）灵活性强：可以切割各种形状的图案，通过数控编程能够轻松实现直线、曲线、圆形等各种几何形状的切割，也可以对三维曲面进行切割。

11.4 激光切割机的主要组成部分

激光切割机的结构主要由以下几部分组成，以下以德美鹰华 X7050 激光切割机为例（图 11.2）。

1. 床身

全部光路安置在机床的床身上，床身上装有横梁、切割头支架和切割头工具，通过特殊的设计，消除在加工期间由于轴的加速带来的振动。机床底部分成几个排气腔室，当切割头位于某个排气室上部时，阀门打开，废气被排出。通过支架隔架，小工件和料渣落在废物箱内。

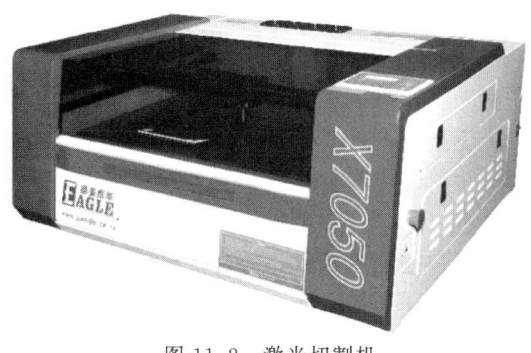

图 11.2 激光切割机

2. 工作台

移动式切割工作台与主机分离，柔性大，可加装焊接、切管等功能。

3. 切割头

切割头是光路的最后器件，其内置的透镜将激光光束聚焦，标准切割头焦距有5英寸和7.5英寸（主要用于割厚板）两种。良好的切割质量与喷嘴和工件的间距有关。

4. 控制系统

控制系统包括数控系统（集成可编程序控制器PLC）、电控柜及操作台。能实现机外编程计算机与机床的控制系统进行数据传输通信（具有232接口和U盘接口），具有加速、突变限制；具有图形显示功能，可对激光器的各种状态进行在线和动态控制功能。

5. 激光控制柜

激光控制柜控制和检查激光器的功能，显示系统的压力、功率、放电电流和激光器的运行模式。

6. 激光器

采用原装进口德国ROFIN公司SLAB3000W型激光发生器，是目前世界先进的RF激励板式放电的二氧化碳激光器。其心脏是谐振腔，激光束就在这里产生，激光气体是由二氧化碳、氮气、氦气的混合气体，通过涡轮机使气体沿谐振腔的轴向高速运动，气体在前后两个热交换器中冷却，以利于高压单元将能量传给气体。

7. 冷却设备

冷却设备包括冷却激光器、激光气体和光路系统。

8. 除尘装置

除尘装置包括内置管道及风机，改善了工作环境。切割区域内装有大通径除尘管道及大全压的离心式除尘风机，加之全封闭的机床床身及分段除尘装置，具有较好的除尘效果。

9. 供气系统

供气系统包括气源、过滤装置和管路。气源含瓶装气和压缩空气（空气压缩机、冷干机）。

11.5 激光切割的优点与缺点

1. 优点

激光切割可以实现极高的切割精度和重复性，适合复杂图形的加工。激光切割的边缘光滑，无须后处理。激光切割具有高效的材料利用率，减少废料产生。可用于切割金属、塑料、木材等多种材料。激光切割机通常配有数控系统，适合大批量生产。激光束聚焦后形成具有极强能量的很小作用点，把它应用于切割有许多特点。

首先，激光光能转换成惊人的热能保持在极小的区域内，可提供狭窄的直边割缝；最小的邻近切边的热影响区；极小的局部变形。

其次，激光束对工件不施加任何力，它是无接触切割工具，这就意味着：工件无机械变形；无刀具磨损，也谈不上刀具的转换问题；切割材料无须考虑它的硬度，也即激光切割能力不受被切材料的硬度影响，任何硬度的材料都可以切割。

最后，激光束可控性强，并有高的适应性和柔性，因而与自动化设备相结合很方便，容易实现切割过程自动化；由于不存在对切割工件的限制，激光束具有无限的仿形切割能力；与计算机结合，可整张板排料，节省材料。

2. 缺点

设备成本高，高性能激光切割机价格昂贵，初期投资较大。对于较厚的材料，激光切割的效率和效果可能会受到限制。激光切割过程中能耗较大，可能对能源成本造成影响。激光切割过程中的激光束和高温气体需要特别注意安全操作。

11.6　激光切割机基本操作

1. 文件管理界面布局及操作功能

图 11.3 为 X1309 激光切割机面板文件管理界面的分区布局。界面左侧大块矩形区域为文件列表，使用方向键上下移动进行选择。中间为文件操作功能区，包含多个功能的操作按键。使用左右方向键可在文件列表和功能区之间切换。使用上下方向键可在不同功能间切换。右侧从上至下分别为运行参数区、当前坐标区和文件图形预览区，选中文件的图形会在预览区中显示。下方为状态栏，显示设备当前状态信息。

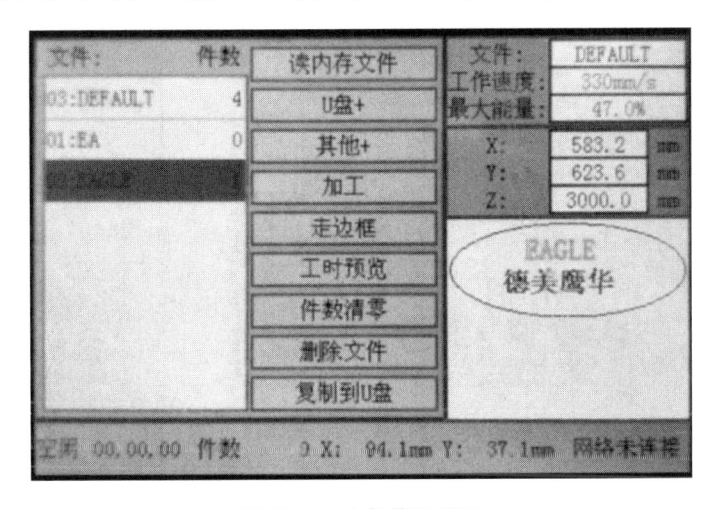

图 11.3　文件管理界面

（1）读内存文件功能：点击控制面板上的文件键后，会进入文件管理界面。文件列表会自动显示当前设备内存中的所有文件。如果此时从联机的电脑上下载文件至设备，则需要使用读内存文件功能进行刷新，或者退出并重新进入文件管理界面。

（2）U盘＋功能：如果使用U盘传输文件，将U盘插入设备后可进入U盘＋菜单进行相关操作，例如拷贝文件至内存等。

注意：所有文件都需要拷贝至内存后才能进行加工等后续操作。

（3）其他＋：菜单中包含一些不常用的文件管理功能例如删除所有文件和格式化内

存等。

(4) 加工、走边框功能：对于已多次加工，且加工参数已相对固定的文件任务，可以使用走边框和加工功能，在文件管理界面中直接预览文件任务的加工位置并进行加工，简化操作流程。对于内容复杂的文件任务，可以在加工前使用工时预览功能估算加工时间，便于更加合理地安排加工任务。

(5) 工时预览、件数清零功能：计件加工时，可以根据需要使用件数清零功能将加工计数清零，对后续的加工开始重新计数。

(6) 删除文件功能：可以使用删除文件功能删除不再使用的文件释放内存空间，同时避免文件过多，影响日常使用。

(7) 复制到U盘功能：可以将内存中的文件拷贝至U盘，有时，在缺少原始设计文件的情况下可使用该功能在其他设备上实现加工。

2. U盘加工零件

(1) 步骤一：放置待加工材料，并调整好焦距后（机床焦距为8mm），在开始加工前，需要先确定加工起始点，避免出现加工位置错误，或材料尺寸不够等常见的问题。

(2) 步骤二：U盘将加工任务文件保存至X1309激光切割机，选择文件并确认和调整加工参数，帮助用户快速开始使用设备。使用U盘将加工任务文件保存至设备，以及从内存中选择文件的详细步骤，下面介绍如何在面板上确认和调整加工参数（图11.4）。

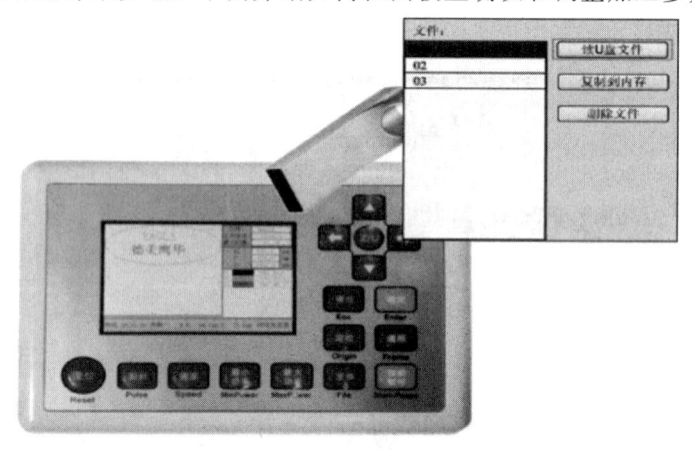

图11.4　U盘文件读取

1) 将U盘插入至设备的FLASH接口。
2) 按下面板上的文件键进入文件管理菜单。
3) 选择并进入U盘+菜单。
4) 选中要复制的文件，并选中复制到内存，如果出现文件类型错误，请在输出软件中修改设备型号后再试。

注意，U盘必须使用FAT32/FAT16文件系统格式，且需要将加工文件保存在U盘根目录下，否则设备无法识别。

(3) 步骤三：在设备上选择加工任务文件（图11.5）。

1) 在文件管理界面的文件列表中，选择要加工的任务文件，在右下角预览区中可以看到文件图形，以便确认。

2）按下面板上的确定键选中任务文件，系统自动返回主界面。

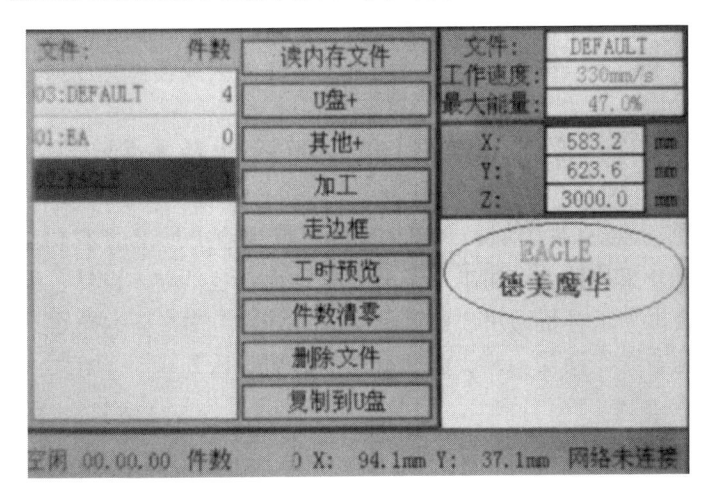

图 11.5　加工文件读取

（4）步骤四：确认加工参数。选中加工任务文件后，在右下角图层参数区中可以看到各个图层的加工参数（图 11.6）。请根据待加工材料和加工要求，确认加工参数是否合适，否则，请修改对应的加工参数。

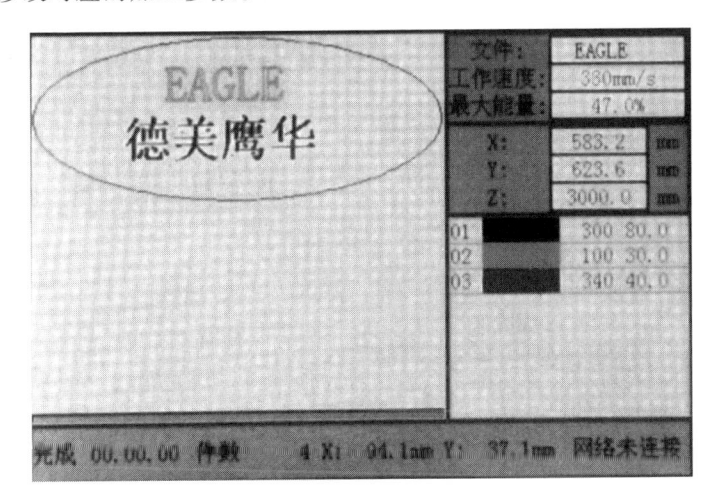

图 11.6　参数设置

1）按下面板上的确定键激活图层参数列表。
2）按下上下方向键选择对应的图层。
3）按下确定键打开当前图层参数。
4）按下 Z/U 键在各个参数间切换。
5）按下左右键移动光标，上下键修改数值，直至正确。

所有修改完成后，按下确定键确认修改，返回主界面。注意，修改完成返回主界面后，图形显示区可能会清空，不影响使用，可继续操作。

（5）步骤五：准备工作完成之后，按走边框按钮，试走零件的最大外轮廓，再次确认加工区域准确无误。

（6）步骤六：开启激光按钮，按启动按钮，机床进入加工状态。操作人员密切关注机床运行状态，等加工结束，排烟完毕，关闭激光，才能去除零件完成加工。

11.7　激光切割图形处理软件及参数设置

这里以 EagleWorks 软件为例，介绍从软件设计到输出加工的基本流程，帮助用户快速开始使用。简要介绍从设计到输出加工的五大流程，包括导入设计、编辑排版、工艺设置、加工预览和输出加工，帮助用户熟悉 EagleWorks 软件的基本操作。通过学习，用户可以熟悉软件的基本操作流程，并能够完成简单的加工任务（图 11.7）。

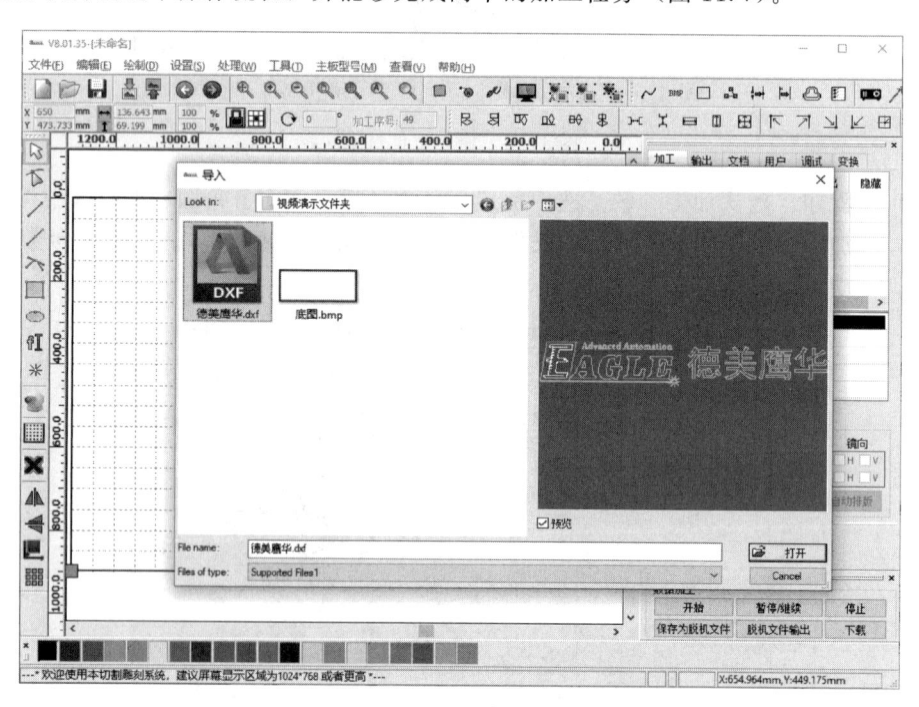

图 11.7　EagleWorks 软件界面

1. 导入设计

EagleWorks 软件仅提供了最基础的绘图功能，因此，设计工作一般在第三方软件中完成。单击文件->导入……菜单项，或系统工具栏中的导入按钮，打开导入对话框，如图 11.7 所示。选中要导入的文件，单击打开即可。通过 CAD 设计以 DXF 文件格式导出设计文件，与 EagleWorks 软件的兼容性比较好。

EagleWorks 软件也可以诸多文件格式，如图 11.8 所示，当导入 bmp、jpg 等图形文件时，文件加工模式自动转为扫描模式，可进行图片雕刻。

2. 编辑排版

在 EagleWorks 中可以做简单的编辑和排版，例如修改图形尺寸，阵列图形等，如图

图 11.8　可导入文件图

11.9 所示,软件提供了对齐、镜像、陈列、放大缩小等图像编辑功能,也提供了简单的直线、画圆等作图功能。

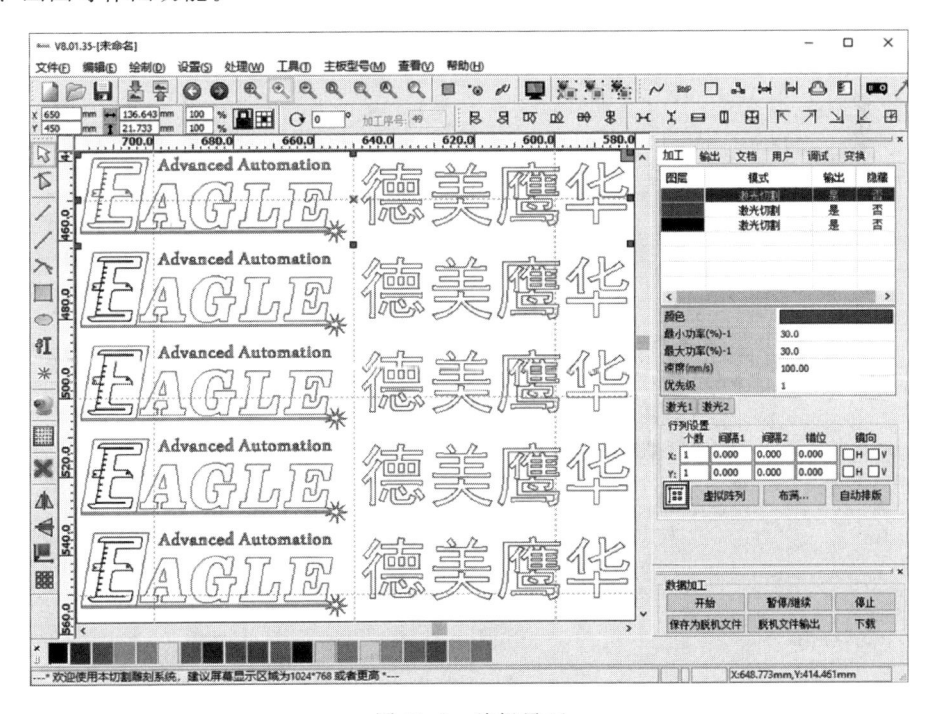

图 11.9　编辑界面

153

3. 工艺设置

加工参数界面如图 11.10 所示。

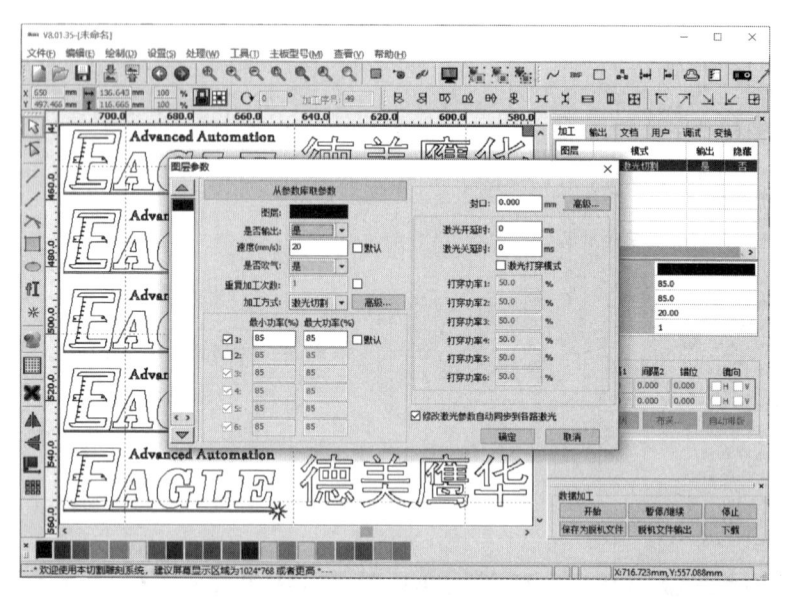

图 11.10　加工参数界面

在 EagleWorks 界面的右边，有加工设置窗口菜单可供加工预览和输出加工，系统提供了切割和扫描雕刻两种加工模式，双击模式下的加工模式，可以弹出激光加工参数设置对话框，可以对加工速度、加工模式、加工功率等参数进行设置，当以作图形式或者 DXF 格式导入文件，系统自动选择切割模式。当以图片形式导入文件，系统自动切换成扫描模式，如图 11.11 所示。

图 11.11　扫描模式加工界面

11.8　激光切割加工的应用领域

（1）金属加工：用于切割不锈钢、铝、铜等金属材料，广泛应用于汽车、航空航天、制造业等领域。

（2）塑料加工：适用于各种塑料材料的切割，如亚克力、聚碳酸酯、聚乙烯等，常见于广告制作和工业配件。

（3）木材加工：用于制作木工艺品、家具和装饰品等，能够实现复杂的雕刻和切割效果。

（4）纺织品加工：在服装制造和纺织品加工中，用于高效切割和雕刻布料。

（5）电子产品制造：用于电路板的切割和精密零部件的生产。

11.9　激光切割的常见材料及其处理

（1）金属材料：如不锈钢、铝、铜等。切割时需要选择合适的激光功率和气体辅助（如氧气或氮气）以提高切割效果和边缘质量。

（2）塑料材料：如亚克力、聚乙烯、聚丙烯等。塑料切割过程中需要注意避免材料的热变形，并调整切割速度和功率。

（3）木材：如松木、胡桃木、橡木等。木材切割时可以实现复杂的雕刻效果，但需要控制激光功率，以防止木材燃烧或焦化。

（4）纸张和纸板：用于制作包装盒、艺术品和模型。纸张切割需要细致调节激光功率，以避免材料燃烧。

11.10　激光加工危险与防护

（1）激光具有高强度和高能量，人眼的角膜和结膜没有角质层保护，容易受到激光辐射的伤害。不同波长的激光对眼睛的伤害部位不同，可见光可能导致视网膜灼伤，紫外光易引发角膜损伤，红外光可能引起晶状体混浊、角膜凝固等，严重时会导致视力下降甚至失明。操作人员必须佩戴符合标准的、针对相应激光波长的防护眼镜，并且在观察激光加工时要始终保持佩戴，确保眼睛得到有效保护。

（2）激光照射到皮肤上，光能可转化为热能，当能量密度足够高时，会引起皮肤烧伤，出现红肿、疼痛、水泡等症状，长期接触还可能导致皮肤老化、癌变等严重问题。穿着能够阻挡激光辐射的防护服、手套等，避免皮肤直接暴露在激光下。

（3）在激光加工过程中，尤其是焊接和切割某些材料时，会产生有害气体，如焊接不锈钢时会产生臭氧、氮氧化物等；切割含氯塑料会释放出氯化氢等有毒气体。同时，材料熔化和汽化会产生含有微小金属颗粒、氧化物和其他杂质的烟雾。长时间吸入这些气体和烟雾可能导致呼吸道疾病、尘肺等健康问题。确保工作场所通风良好，安装有效的通风系统和专业的排气设备，及时排出有害气体和烟雾，必要时操作人员应佩戴呼吸防护设备，如防毒面具、防尘口罩等。

（4）激光加工过程中产生的高温可能点燃周围的易燃物质，引发火灾；在切割金属材料时产生的金属粉尘，当达到一定浓度并遇到火源时，可能会发生爆炸。保持工作区域整洁，清除易燃、易爆物品，严禁在激光加工区域周围堆放易燃易爆物品。对于会产生粉尘的加工过程，要安装粉尘收集装置，降低空气中的粉尘浓度，并配备灭火器等消防设备。

（5）激光加工设备通常需要高压电源驱动，存在触电的风险，特别是在设备维护和检修时，如果操作不当，可能会接触到带电部件，导致触电事故。操作人员应遵循电气安全操作规程，不单独或在疲倦时在高压区域工作，身体出汗时不得在高压区域工作，并且脱去所有金属饰物及其他金属物品，在通电状态下不触摸电气柜内带电的元器件。

（6）激光加工设备如果出现故障，可能会导致激光束泄漏，对周围人员造成意外伤害。此外，设备的光学元件、反射镜等部件如果损坏或污染，也可能影响激光的传输和聚焦，增加危险发生的概率。定期对激光设备进行检查和维护，确保设备处于正常工作状态，及时更换损坏的部件，清洁光学元件和反射镜等。

（7）激光在加工过程中可能会在工作环境中的物体表面产生反射和漫散射，使得激光辐射的方向变得不确定，增加了周围人员受到意外伤害的风险。激光加工区域进行合理的布局和规划，尽量减少反射和漫散射的发生，同时在可能产生反射的物体表面覆盖吸收材料或采取其他防护措施。

激光切割机简介

参考文献

[1] 王海文. 金工实习教程 [M]. 武汉：华中科技大学出版社，2022.
[2] 卢秉恒. 机械制造技术基础. [M]. 4版. 北京：机械工业出版社，2018.
[3] 顾荣. 金工实习 [M]. 4版. 南京：南京大学出版社，2022.
[4] 周光万. 金工实训 [M]. 重庆：重庆大学出版社，2015.
[5] 梁延德. 机械制造基础 [M]. 北京：机械工业出版社，2022.
[6] 周卫民. 工程训练通识教程 [M]. 北京：科学出版社，2013.
[7] 白基成，刘晋春，郭永丰，等. 特种加工 [M]. 北京：机械工业出版社，2022.
[8] 陈志鹏. 金工实习 [M]. 2版. 北京：机械工业出版社，2024.
[9] 刘志东. 特种加工 [M]. 北京：北京大学出版社，2012
[10] 齐乐华，韩秀琴，韩建海，等. 机械制造工艺基础 [M]. 北京：清华大学出版社，2023.
[11] 周哲波. 金工实习指导教程 [M]. 北京：北京大学出版社，2014.
[12] 中国机械工程学会热处理学会. 热处理手册 [M]. 北京：机械工业出版社，2008.
[13] 王令其. 数控加工技术 [M]. 2版. 北京：机械工业出版社，2014.
[14] 周荃，张爱英，等. 数控编程与加工技术 [M]. 2版. 北京：清华大学出版社，2017.
[15] 肖继明. 现代加工技术 [M]. 成都：电子工业出版社，2018.
[16] 陈莛，曾勇刚，雷鸣. 金工实训 [M]. 2版. 重庆：重庆大学出版社，2023.
[17] 张应立，周玉华. 焊工手册 [M]. 北京：化学工业出版社，2018.
[18] 汪光灿. 电加工技术编与操作 [M]. 2版. 北京：机械工业出版社，2016.
[19] 沈根平. 焊工工艺与技能训练 [M]. 北京：清华大学出版社，2016.
[20] 吴志亚. 焊接实训 [M]. 3版. 北京：机械工业出版社，2021.
[21] 易丹青，许晓嫦. 金属材料热处理 [M]. 北京：清华大学出版社，2020.
[22] 黄云清. 公差配合与测量技术 [M]. 4版. 北京：机械工业出版社，2019.
[23] 张海光，胡庆夕. 现代精密测量实践教程 [M]. 北京：清华大学出版社，2014.
[24] 刘云龙. 焊工（初级）[M]. 2版. 北京：机械工业出版社，2019.
[25] 李玉青. 特种加工技术 [M]. 2版. 北京：机械工业出版社，2021.